西方圣贤书

成就一生的品格修炼经典

[古希腊]苏格拉底／等著

吉林人民出版社

图书在版编目（CIP）数据

西方圣贤书：成就一生的品格修炼经典／（古希腊）苏格拉底等著；李鹏译．—2版．—长春：吉林人民出版社，2011.8

ISBN 978 - 7 - 206 - 02716 - 1

Ⅰ.①西… Ⅱ.①苏… ②李… Ⅲ.①个人—道德修养

Ⅳ.①B825

中国版本图书馆 CIP 数据核字（2011）第 180568 号

西方圣贤书

—— 成就一生的品格修炼经典

作　　者：（古希腊）苏格拉底等

译　　者：李　鹏

责任编辑：吴兰萍

吉林人民出版社出版发行（长春市人民大街7548号 邮政编码：130022）

网　　址：www.jlpph.com

全国新华书店经销

发行热线：0431 - 85395845　85395821

印　　刷：北京海德伟业印务有限公司

开　　本：690mm×960mm　1/16

印　　张：15　　　　字　数：183千字

标准书号：ISBN 978 - 7 - 206 - 02716 - 1

版　　次：2011年9月第2版　　印　次：2016年8月第4次印刷

定　　价：29.80元

序 言
Preface

寻求真知的源头

人们往往忽略对自身品格的修炼做深入的思考，而对如何汲汲争先、求功立名的事情冥思苦想，却不知欲立大业，必先修炼自身。无论是从荷马到亚里士多德，还是从苏格拉底到卢梭，这些具备人生见识的智者们都对此做过最深刻的思考与探求。他们从自己和别人生活的茫然之中淘洗出最珍贵的宝藏，然后传授给人们。这些是我们人类心灵的一大成就，是我们人类最高的遗产。不管我们生活在什么样的时代里，都不该没有这一精神的筑防。因为这些不仅可以满足我们灵魂深处的需求，同时也是我们整个人类探求生命本质问题的答案的最佳路径。

人可以平凡，却不可平庸；人可以富贵，却不可骄奢；人可以贫穷，却不可志乏；人可以追求荣誉，却不可爱慕虚荣；人可以保持沉默，却不可让人认成无知……我们若要获得如此的明慎，就必须去寻求这些真知的源头，那么阅读具有伟大心灵的人的著作就成了必然。这本捧在你手中的《西方圣贤书——成就一生的品格修炼经典》，将不再让你的人格显得苍白，不再让你缺乏对伟大品格的好奇心和把握力，不再让你局限在一种肤浅的生存状态之中，而让你的存在充满血肉和意义，也让你的灵魂更为高贵。

"人不能像野兽那样活着，应该追求知识和美德。"但丁如是说。因为"美好的品格自身便是一种幸福（叔本华）"。只有伟大的灵魂才能成就伟大的事业。西塞罗早在几千年前就曾写下这样的文字："那些具有伟大灵魂的人相信，只有道德上的善和正当的行为才值得钦佩、企求或为之奋斗，他们决不会屈从任何人、任何激情或任何命运的突变。如果这个人经过如此的锻炼之后，不仅应当做伟大的、最有用的事情，而且应当做得极为努力和勤奋，甚至甘愿冒丧失生命和许多使生活过得有意思的物品的危

险。"要做到这一点，必须要做到自制，因为"自制是一切美德的基础"。苏格拉底曾说："当我们面临战争必须挑选一个人，借着他的努力使我们自己得到保全并制胜敌人的时候，难道我们会挑选一个我们明明知道他不能抵抗贪食、饮酒、肉欲、疲倦或睡眠诱惑的人吗？……在我们临终的时候，我们能否将自己的妻子、女儿、羊群和所有的财产交托一个放纵无度的人吗？既然我们都不愿意将自己拥有的一切托付给这样的一个人，那么我们自己谨慎不做这样的人岂不是更为重要。"因此亚里士多德告诫我们："只有去做那些自制的事情，才能成为一个自制的人。"也许有些人认为，很难做到这一点，但是你绝不要忘记叔本华曾经告诉众人的那句话："那些值得做的事情都是最难做的事情。"一个伟大的人总是去做最值得做的事情而使自己更为伟大，一个平凡人也正因为做了最值得做的事情而变得伟大。

以上这些内容只是本书撷取40多位西方伟大思想家经典著作精华的一小部分，可谓智慧海洋中的一滴水，真理宇宙中的一颗恒星。如果你不想错过与这些伟人的交谈，那么就赶快阅读此书。在你阅读的过程中，将会发现自己正漫步于这些伟大的心灵之间。在这一阅读之旅中你绝不会空手而归，必将收益多多。更可贵的是，这些可比得上任何财富的宝藏永不会从你的身上消失，它能在你整个的人生旅程中，带给你无穷的快乐和幸福，而这些不正是我们人类所要寻找的吗？

鲁迅先生曾经说过："尽量多地去读那些外国书，少读中国书。"我们或许真的应该认真地拾人牙慧，认真地阅读那些影响生命的西方圣贤们的经典之著。因为我们知道，一旦将伟大的思想作为一粒结晶的种子，播种在每一个愿意追求真正的卓越的心灵之后，必定会萌发出更为伟大的生命。这本《西方圣贤书——成就一生的品格修炼经典》更能像我们前面出版过的《箴言书》、《处世书》、《圣贤书》、《修身书》一样，将这一伟大的宝藏传递给每一位心灵正在被伟大智慧感召的人。

目 录
Contents

成 就 一 生 的 品 格 修 炼 经 典

自制是一切美德的基础

[古希腊] 苏格拉底①

我的朋友们，当我们面临战争，必须挑选一个人，借着他的努力使我们自己得到保全并制胜敌人时候，难道我们会挑选一个我们明明知道他不能抵抗贪食、饮酒、肉欲、疲倦或睡眠的诱惑的人吗？我们怎能以为这样的人会为我们服务或制胜我们的敌人呢？

或者当我们临终的时候，想把我们的儿子托付他人照管，把我们未出嫁的女儿托付他人看顾，或者托人保管我们的财产，我们难道会以为一个没有自制能力的人值得我们信任，托他给我们做这些事吗？我们会把我们的羊群、我们的粮食仓库，或者照料我们农事的任务，交托给一个放纵无度的奴仆吗？

即使是白白送给我们，难道我们会接受这样的一个奴仆做我们的管家或采购员吗？我想大家都不会把这些事情交付给这样不自制的人。既然我们不愿意有一个不能自制的奴仆，那么，我们自己谨慎不做这样的人岂不是更重要了吗？

因为一个不能自制的人并不是损害别人而有利于自己，像一个贪得无厌的人，掠夺别人的财物来饱足自己的私囊那样，而是对人既有损对己更有害。

不自制最大的害处就是不仅毁坏自己的家庭，而且还毁坏自己的身体和灵魂。就是在社会上，如果明知一个人贪好酒食甚于和朋友的交谈，喜爱嫖娼亵妓甚于交友，谁又喜欢与这样的人交往呢？

每一个人的本分岂不就是把自制看做是一切德行的基础，道德在自己心里树立起一种自制的美德来吗？有哪个不能自制的人能学会任何的好事，或

---

① 苏格拉底：（公元前469～公元前399）。古希腊著名哲学家。平生未著一字，由他的学生柏拉图记录着他的哲学观点。

者把它充分地付诸实践呢？有哪个做肉欲奴隶的人会不是在身体和灵魂双方面都处于同样恶劣的情况呢？

我敢向赫拉女神起誓，依我看来，一个自由人应当向神明祈祷，使他永远不要遇到这样的奴仆，而一个已经做了肉欲的奴隶的人就应当求神明使他得到好心肠的主人；因为只有这样，这一类的人才能获得解救。

一切光荣全靠操练而维持的

［古希腊］ 色诺芬①

也许有许多自称为热爱知识的人会说，一个人一度是公正的，以后不可能再变成不公正的；或者一度是谨慎的人，以后不可能再度变成不谨慎的；任何人在受了教育获得知识以后，不可能再变成无知的。但对于这一类事情我认为并非如此；照我看，凡不锻炼身体的人，就不能执行身体所应执行的任务，同样，凡不磨炼心灵的人，也不可能执行心灵所应执行的任务。这样的人既不能做他们所应当做的，也不能抑制住自己不做他们所不应当做的。正如，尽管做儿子的具有善良的品质，做父亲的还是应制止他与坏人交往，因为他们深信，与善人交往是对于德行的一种操练，但与坏人交往却会败坏德行。一位诗人也对这一真理作了见证，他说：跟好人在一起你会学会好的事情；但如与坏人厮混，你就要丧失你的辨识力。

另一位诗人还说：一个好人在一个时候是好的，而在另一个时候却是坏的。

我同意他们的看法；因为照我看来，正如人们不反复背诵就会把韵文忘掉一样，玩忽训言的人也会把他们所受的教训忘却。当一个人忘掉道德的训诫的时候，他也就会忘掉心灵在追求德行时候的感受；而当他忘掉了这一点的时候，他忽略自制也就不足为奇了。那些耽于饮酒和陷溺于爱情中的人们，对于照料自己所应当做的事和约束自己不做那些不当做的事就都不如从前了。有许多人在他们陷身爱情中以前在开支方面很节俭，在他们陷溺爱情中以后就不能继续这样了；当他们耗尽了他们的资财的时候，对于那些他们从前由于认为不光彩因而不屑做的谋求财利的方法就再也不能约束自己不去做了。

---

① 色诺芬：（公元前约430～公元前约355或354），古希腊哲学家。著有《回忆苏格拉底》。

因此，一个人一度能够自制，以后也会丧失这种自制力；一度能够行正义，以后也可能变得不正义。依我看来，每一件光荣和善良的事情都是靠操练而维持的，自制也并不例外。因为和人的灵魂一齐栽植在身体里的欲念，经常在刺激它，要它放弃自制，以便尽早地在身体里满足欲念的要求。

当克里提阿斯和阿尔克比阿底斯同苏格拉底交流的时候，借助于苏格拉底的榜样，他们是能够控制住自己不道德的倾向的；但当他们离开了苏格拉底，克里提阿斯逃到赛塔利阿，在那里和一些不行正义而一味欺诈的人结交；阿尔克比阿底斯也由于他的美貌，受到许多女子的追求，甚至是一些门第高贵的女子们的追求，又因他在城邦和同盟国中有势力，还受到许多善于谄媚的人的勾引和败坏，再加上人民都尊敬他，使他在众人中很容易便取得优越的地位。正如体育比赛中那些摔跤的人，由于感到自己比别人强壮就疏忽了锻炼一样，同样，他也忽略了自制。他们既然这样幸运，又有高贵的出身可引以自豪，财富使他们洋洋得意，权力使他们不可一世，许多不好的朋友败坏了他们的德行，这一切都使他们在道德上破了产。

有哪一个奏笛者，或竖琴教师，或其他老师，教出了有本领的学生以后，这些学生又转而跟其他老师学习，以致在技巧方面变得不那么熟练，会因为这种退化而受到责备呢？有哪一个父亲，会因为他的儿子在和一个人交往而变成有德之人以后，又因跟另一个人交往而变成不道德的人，反而责怪这两个人中的第一个人呢？难道他不是因为儿子和第二个交往变坏了，反而更加称道第一个人吗？

莫在谈话中暴露品质上的弱点

［古罗马］ 西塞罗①

有一条适用于生活的各个方面的最好的规则，那就是，不要表现出激动，即那种不受理性制约的精神亢奋状态。同样，在谈话时也不应表现出这种情绪：不应当表现出愤怒、贪欲、消极、冷漠，或其他诸如此类的情绪。

最重要的是，一个人应当特别小心，不要在谈话中暴露出自己品质上的弱点。如果一个人在开玩笑或正经谈话时喜欢背后说别人的坏话，诋毁别人的声誉，那么就很有可能暴露出自己品质上的弱点。我们还必须特别注意：对那些与我们谈话的人要有礼貌，要尊重他们。

在谈话方面，苏格拉底的信徒们是最好的典范。谈话应当具有以下这些品质：应当随和，不应当有丝毫的固执己见；应当机智、风趣。谈话的人不应当阻止他人参与谈话，好像谈话为他私人所垄断一样；相反，像其他事情一样，在一般性的谈话中，他应当认为，每个人都有机会说话才是公平合理的。

有时可能会出现这样的情况，即有必要加以责备。在这种情况下，我们也许会使用一种比较强烈的语调和一些比较严厉的言辞，甚至还会面带怒色。但是我们诉诸这种责备，应当像对待烧灼术和切除术一样，不轻易使用，只是不得已而为之——最好是永远不用，除非这是不可避免的，没有其他的办法。我们可以面有怒色，但不能真的动怒；因为发怒时就有可能做出不公正或不明智的事情。在大多数情况下，我们可以采用一种温和的责备，但话也应当说得很郑重，这样，虽然严肃，却可避免使用诋毁性的语言。不仅如此，我们还应当清楚地表明，即便我们责备的话说得有点刺耳，那也是为了对

---

① 西塞罗：（公元前106～公元前43），古罗马政治家，雄辩家和哲学家。著作广博，今存演说、哲学和政治论文多篇。其文体流畅，被誉为拉丁文的典范。

方好。

此外，即使与最难缠的敌人争辩，即使他们对我们蛮不讲理，我们也应当保持庄重，要压住心头的怒火。因为，处于某种程度的激动状态。就不可能很好地保持自己的尊严，或赢得旁观者的赞许。

夸耀自己（尤其是言不副实），和扮演"吹牛大王"这种被人嘲笑的角色，也是伧俗的。

信任每个人和不信任任何人一样是错误

［古罗马］ 塞涅卡①

如果你对某人的信任还不如像信任自己一样的时候就把他看做朋友，那可是犯了严重的错误，说明你还未能完全了解真正的友谊的涵义。

你当然应该和朋友讨论一切，但在这之前，你要在心中讨论一下其人本身。一旦建立友谊关系，就必须信任他；在此之前则应对他加以鉴定。有人不听泰奥弗拉斯托斯的劝告，先把某人当做朋友，后来又对他品头评足，这显然是本末倒置。是否值得同某人交朋友要深思熟虑，一旦做出交友的决定，就要全心全意地欢迎他，同他谈话要忠诚坦率，就像同自己谈话一样。对一切都能守口如瓶，也就同样容易向敌人告密；但在某些问题上务必保持沉默，你应该同朋友商量的，只是你个人的烦恼和个人的思虑。只要把朋友看做是忠诚的人，你也就会使他成为一个忠诚的人。有些人担心被骗，可正是这种担心教人欺骗他们。他们由于多疑，也就给了别人欺骗他们的权利。和朋友在一起时，我还有什么可隐瞒的？在朋友们之中时，我为什么还要把自己设想为孤独者？

有些人把只该对朋友讲的事告诉路人，随意向任何一个人倾诉衷肠；有些人则羞于向最亲近的朋友公开隐私，假如可能的话，甚至都不想让自己知道深深地埋在心中的秘密。这两种人我们都不可效法。信任每一个人和不信任任何人一样，二者同样都是错误的（虽然应该把第一种态度叫做过于高尚的态度，第二种态度叫做过分保守的态度）。

同样，总是忙忙碌碌的人和始终疲疲沓沓的人，都不值得称赞——前者和后者一样。因为以匆忙为乐事并非勤勉——它只是一颗被追逐着的心的不

---

① 塞涅卡：（公元前4—65），古罗马哲学家、戏剧家，新斯多葛主义的主要代表之一。主要著作有《幸福的生活》、《论短促的人生》、《论神意》和《论道德的书简》124篇。

平静的活力；对一切活动都感到厌倦，这种心境也不是真正的宁静，而是一种没有骨气的惰性。这使我记起我在庞波尼乌斯的书中偶然读到过的一句话："有些人深深地蜷缩在黑暗的角落里，以致于明亮的阳光下的东西他们也觉得是非常模糊的。"我们需要的是上述两种态度的均衡的结合。勤勉的人应能做事从容，不想动作的人则应行动起来。去问大自然，它会告诉你：她既创造了白天，也创造了黑夜。

越是禀赋好的人越不可轻视学习

[古希腊] 苏格拉底

　　烈性而桀骜不驯的良种马，如果在小的时候能加以驯服，就会成为最有用、最骁勇的千里马，但如果不加以驯服，则始终是难以驾御的驽材而已。品种最优良的、最经得住疲劳的、最善于袭击野物的猎犬，如果经过良好的训练，就会最适于狩猎，而且最有用处，但如不经训练，就会变得无用、狂暴、而且最不服使唤。同样，禀赋最优良的、精力最旺盛的、最可能有所成就的人，如果经过教育而学会了他们应当怎样做人的话，就能成为最优良、最有用的人，因为他们能够做出极多、极大的业绩来；但如果没有受过教育而不学无术的话，那他们就会成为最不好、最有害的人。因为由于他们不知应该选择做什么，就往往会插手于一些罪恶的事情，而且由于狂傲激烈、禀性倔强、难受约束、就会做出很多很大的坏事来。

　　还有一些以财富自夸，认为不需要受教育，财富会成就他们的心愿，使他们受到人们的尊敬的人，我想对他们说：只有愚人才会自以为不用学习就能够分辨什么是有益的和什么是有害的事情。也只有愚人才会认为，尽管不能分辨好歹，单凭财富就可以取得自己所向往的并能做出对自己有利的事情。只有呆子才会认为，尽管不能做出对自己有利的事情，但也无妨大碍，因为他已经为自己的一生做了美好的或充分的准备了。只有呆子才会认为，尽管自己一无所知，但由于自己拥有财富就会被认为是个有才德的人，或者尽管没有才德，也会受到人们的尊敬。

借荣誉矜夸自己要适度

［古希腊］普鲁塔克①

一个真正完美无疵的人，一点也用不着荣誉，除非荣誉使他能够凭借人们的信任，取得事业的成就。但是一个人还当年少时，也不妨借荣誉来稍稍矜夸和赞扬自己，如果这种光荣是高尚行为的结果。因为青年的初具萌芽的德行，是由于人们的称赞而在正常的发展中巩固的，也是在自豪心的激发下完成其发展的。但是太过也常常有害；对怀有政治野心的人，更会成为致命之伤。因为这种人在掌握大权之后，一旦不把高尚可贵的东西看成是光荣的，只想到凡是光荣的东西都是好的，就会卷入到某种程度的愚行妄动中去。

过分显示外在的荣誉，似乎是说明任何国王或权势者对人民影响的最靠不住的证据。这种表示丧失了作为影响的标志的信任。这时我们会想到，它们可能同样出于恐惧。同样的法令出于后者，也出于前者。所以，明智的人不理睬为他们准备的塑像、绘画或荣典，而看重自己的行为和举止，因而决定他们相信这些是真诚的，或是把这些视为被迫的敬意而不予信任。事实上，最通常的情况下，人们在表示尊敬时，常常受贪婪地接受敬意的那些人的欺骗，他们或是傲慢自大，或是不尊重给予者的自由意志。

---

① 普鲁塔克：（约46～约120），古希腊传记作家、散文家。代表作《列传》，共50篇。还有关于教育、道德、宗教史等散文60余篇，广泛引证希腊著作，具有极其珍贵的史料价值。

疯狂的人一定不明智

[古希腊] 苏格拉底

凡是知道并且实行美好的事情，懂得什么是丑恶的事情而且加以谨慎防范的人，都是既智慧而又明智的人。当有人问他是否认为那些明知自己应当做什么而倒去做相反事情的人也是既智慧而又能自制的人的时候，他一定会如此地说："决不是。这样的人是既不智慧而又不能自制的人，因我认为，所有既智慧而又能自制的人都是宁愿尽可能地做对他们最有益的事情。因此，做不义之事的人，我认为都是既无智慧也不明智的人。"

正义和一切其他德行都是智慧。因为正义的事和一切道德的行为都是美好的；凡认识这些事的人决不会愿意选择丑陋、卑鄙的事情；凡不认识这些事的人也决不可能把它们付诸实践；即使他们试着去做，也是要失败的。所以，智慧的人总是做美而好的事情，愚昧的人则不可能做美而好的事，即使他们试着去做，同样也是要失败的。既然正义的事和其他美而好的事都是道德的行为，很显然，正义的事和其他一切道德的行为，就都是智慧。

疯狂是智慧的对立面，但并非疯狂。不过，一个人如果不认识自己，把自己所不知道的事倒以为，而且相信自己知道，就是接近于疯狂了。许多人并不把在大多数人所不知道的事上犯错误的人称为疯狂的人，而是把那些在大多数人所知道的事上犯了错误的人称为是疯狂的人。因为如果一个人以为自己非常的高，以致他在经过城门的时候还要弯下腰来，或者以为自己非常有力，以致他竟试着要把房子举起来，或者试图做任何人都明知是不可能的其他事情，这样的人就是疯狂的人；但许多人并不把那些在小事上犯错误的人称做疯狂的人。正如他们把强烈的欲望称做爱情，同样，他们也把重大的智力错乱称做疯狂。

不可通过送钱来表示自己的慷慨

[古罗马] 西塞罗

向他人表示善意有两种方式：服务和送钱。后者比较容易，特别是对于那些有钱的人来说更是如此；但是前者则更高尚、可贵，更适合于坚强而杰出的人。因为，虽然两者都要有一种慷慨助人的心愿，但一种是提取自己的存款，另一种是付出个人的精力；而财物的施舍则会使慷慨的源泉枯竭。因此，慷慨反被慷慨误：因为一个人资助的人数越多，他所剩的能够提供给他人资助的财物就越少。但是如果人们在服务——即尽自己的能力，努力为他人提供帮助——方面表现出慷慨和仁慈，那就会产生各种各样的好处：第一，他们帮助的人越多，帮助他们行善的人就会越多；第二，由于养成了助人的习惯，他们为公众做起好事来可以说会做得更加周到，更加熟练。

腓力在一封信中严厉地指责他的儿子亚历山大试图用送钱的方法来博得马其顿人的好感。他说："究竟是什么使你抱有这样一种希望——你用钱贿买了这些人，他们就会对你俯首贴耳？难道你要使马其顿人把你看做是他们的财务管理员和伙食提供者，而不是看做是他们的君王?"

"财务管理员和伙食提供者"这两个称谓对于一个王子来说是很可耻的；腓力还把送钱说成是"贿买"，

"贿买"会使这些收受者越来越堕落，而且变得更加贪婪，老想纳贿。

虽然这是腓力教训他儿子的话，但我们大家都应当将它铭记在心，引以为鉴。

因此，存在于个人的服务和努力之中的那种慷慨更可敬，其适用的范围更广，而且能使更多的人受益，那是毫无疑问的。不过，我们有时也应该送钱，这种慷慨也不要完全杜绝。我们应当经常接济那些值得帮助的穷人，但做这种事情也必须慎重和适度。因为许多人就是由于胡乱施舍而将其祖上留下来的产业挥霍殆尽。如果一个人在做他喜欢做的事情时采取杀鸡取卵的方法，即做过以后就没有能力再做了，那么，还有什么比这更愚蠢的呢？另外，滥施舍也会导致劫掠；因为当人们由于滥施舍而变得窘迫时，他们就只好去掠夺他人的财产。所以，既然人们施惠的目的是为了博得好感，他们这样做是得不偿失的——他们从馈赠对象那里所得到的爱戴永远抵偿不了那些遭受他们掠夺的人对他们的仇恨。

因此，一个人的钱袋既不应当捂得太紧，当该慷慨解囊时也一毛不拔，也不应当放得太松，什么人都可以从里面掏钱。慷慨要有限度，应该量力而行。总而言之，我们应当记住人们常说的一句俗语："施舍无止境。"因为那些习惯于接受施舍的人总是想不劳而获，经常不断地得到施舍，而那些过去没有这种习惯的人，受他们的影响也希望得到同样的施舍。因此对于这些人，施舍怎么会有止境呢？

人因工作而存在

［古罗马］马可·奥勒留①

早晨当你不情愿地起床时，就让这一思想出现——我正起来去做一个人的工作。如果我是只要去做，我便因此而存在。因此而被带入这一世界的工作，那么我有什么不满意呢？难道我是为了躲在温暖的被子里睡眠而生的吗？也许你会认为这样比较愉快。那你的存在是为了获取快乐，而全然不是为了行动和尽力吗？你难道没有看到小小的植物、小鸟、蚂蚁、蜘蛛、蜜蜂都在一起工作，从而有条不紊地尽它们在宇宙中的职分吗？你不愿做一个人的工作，不赶快做那合乎你本性的事吗？也许你还会说休息也是必要的。的确，休息是必要的，但自然也为这确定了界限。她为吃喝规定了界限，但你还是越过了这些限制，超出了足够的范围；而你的行动却不是这样，在还没有做你能做的之前就停止了。所以你不爱你自己，因为，如果你爱，你就将爱你的本性及其意志。那些热爱他们各自的技艺的人都在工作中忙得精疲力尽，他们没洗浴，没有食物；而你对你的本性的尊重却甚至还不如杂耍艺人尊重杂耍技艺、舞蹈家尊重舞蹈技艺、聚财者尊重他的金钱，或者虚荣者尊重他小小的光荣。这些人，当他们对一件事怀有一种强烈的爱好时，宁肯不吃不睡也要完善他们所关心的事情。而在你的眼里，难道有益于社会的行为是讨厌的，竟不值得你劳作吗？

---

① 马可·奥勒留：（121~180），古罗马帝国皇帝，斯多葛派著名哲学家。《沉思录》是他的鞍马劳顿中写下的一部奇书。奥勒留是西方历史上最著名的、也是惟一的一位哲学家皇帝。作为皇帝，他并没能挽救古罗马帝国的颓势；而作为哲学家，他却留下了《沉思录》这一彪炳西方史册、启迪人们心灵的名著。

地位越高，越应低着头走路

［古罗马］ 西塞罗

　　当我们走红运，事事如愿以偿时，切不可忘乎所以，盛气凌人。因为成功时趾高气扬与遭厄运时悲观丧气一样，都是一种浅薄和脆弱的表现。而在任何情况下都保持一种平静的心情、恒定的态度和同样的面孔，则是一件好事。历史告诉我们，苏格拉底的特点就是这样，盖乌斯·莱利乌斯也是如此。我觉得，马其顿国王腓力虽然在功绩和名声上不如他的儿子，但在谦和与文雅方面则超过他的儿子。因而，腓力始终是伟大的，而亚历山大却常常被认为很卑劣。所以，有人提出这样的忠告："地位越高，越应当低着头走路。"帕奈提奥斯告诉我们，他的弟子和朋友阿非利加努力斯常说："当马匹因经常参加战斗而变得桀骜不驯时，它们的主人就把它们交给驯马师去训练，以便使它们变得比较温顺，易于驾驭；同样，人由于成功而变得狂傲和过于自信时，也应当对他们进行教育和开导，使他们懂得人事的易变和命运的无常。"

　　另外，我们越是成功，就越应当设法寻求朋友们的忠告，越应当重视他们的意见。在这种情况下，我们还应当警惕，不要听信谄媚者的奉承之言，不要为他们的媚言所迷惑。因为人在这种时候很容易欺骗自己，常常误以为自己是完全值得这样称赞的。在这种心态的支配下，人就会产生许许多多错觉，这时他就会自以为了不起，忘乎所以，干出极其愚蠢的错事，从而使自己身败名裂，为世人所耻笑。

警惕猜疑，但不可表露于外

［英国］ 培根①

猜疑之心犹如蝙蝠，它总是在黑暗中起飞。这种心情是迷陷入的，又是乱人心智的。它能使你陷入迷惘，混淆敌友，从而破坏你的事业。

猜疑易使君王变得暴戾，使做丈夫的产生嫉妒之心，使智者陷入重重困惑。

猜疑者未必是由于怯懦，却往往是由于缺乏判断力。所以一个很果敢的人有时也会堕入这种情感，例如亨利七世便是如此。世间少有像他那样果敢的人，但也少有像他那样多疑的人。但正由于他具备这种气质，所以猜疑对他的危害尚不大。因为当他产生了疑忌时，并不总是贸然信从这种疑忌。而对一个胆怯的庸人，这种猜疑则可能立刻阻滞他的行动。猜疑的根源产生于对事物的缺乏认识，所以多了解情况是解除疑心的有效办法。其实人们又希求什么呢？难道他们以为与他们打交道的人都应当是圣人吗？难道他们以为人应该杜绝一切为自己谋算的私心吗？

当你产生了猜疑时，你最好还是有所警惕，但又不要表露于外。这样，当这种猜疑有道理时，你已经预做了充分的准备而不受其害。这种猜疑无道理时，你又可避免因此而误会了好人。

人尤其要警惕别人流传来的猜疑，因为这很可能是一根有毒的挑拨之刺。如果可能的话，最好能对你所怀疑的对象开诚布公地谈一谈，以便由此解除或者证实你的猜疑。但是对于那种卑劣的小人，这种方法是行不通的。因为他一旦发现自己正在被怀疑，就可能制造出更多的骗局来。

意大利人有一种说法："受疑者不必忠实。"其实这是不对的，因为在受到猜疑时，人就更有必要尽力于职守，以此证明自己的确是清白和忠实的。

---

① 培根：（1561～1626），英国哲学家。马克思称他为"英国唯物主义和整个现代实验科学的真正始祖"。

骗子借助迷信以利用人的愚痴

［法国］ 霍尔巴赫①

人脑如一块柔软的蜡，尤其在童年时更是如此。这块蜡保存着人希望获得的一切观念的痕迹。人们的全部信念几乎都应归功于教育；这些信念都是人在他还没有独立的思考能力的年龄获得的。我们认为，我们在童年时期获得的真观念或假观念都是我们自己的本性固有的，我们和这些观念一起来到人间；而这种信念则是我们各种谬误的基本泉源。

偏见使我们牢固地接受我们的教养者的观点。我们认为这些人是比较聪明的；我们深信他们教给我们的知识。我们完全信任他们，是因为在我们必须得到旁人帮助的时候，他们总是能够经常地关怀我们，所以我们认为他们不会欺骗我们。这就是驱使我们根据我们的教养者有害的教训形成上千种谬见的原因；即使禁止思考我们捉到的言论，也不仅不会破坏我们对他们的信念的信任，而且有时甚至会促进这种信任。

如果一个人从童年起习惯于在他听到某些词句时就因恐惧而战栗，他就会产生一种听这些词句和感受恐惧的需要。因此人更愿意听信使他产生恐惧的人，而不愿听信试图安慰他的人。迷信的人强烈地需要恐惧；他的想像要求这样；可以说，人对任何事情都没有像害怕失去这个恐惧的借口这样担心。

人们——就是一些假病人，正是这些假病人的愚痴受到力图替自己的草药寻找销路的、惟利是图的骗子手千方百计的支持。人们总是宁愿听信大开药方的巫医，而不听信那些介绍正确的生活制度或信赖自然力量的人。

① 霍尔巴赫：(1723～1789)，18世纪法国唯物主义哲学家，战斗的无神论者。

吹嘘总是被人唾弃的

［古希腊］ 亚里士多德①

吹嘘的人自以为有公认的名声，但实际上却没有，或比吹嘘的要小些。谦虚的人则相反，否认他所有的名声，或把它缩小。在这两者之间的人是真实的，所以他也是正直的。不论在生活上还是在言论上，这种人的所为都以自身相一致，既不夸大，也不缩小。在这里每种人都可以有所谓而为或无所谓而为。如若一个人无所谓而为，那么，他的言谈、行为和要求是一致的。虚伪自身是错误的、可鄙的，而真实则高尚的、可敬的。这样看来，一个真实的人，就是具有中道的、可敬的人。而这两种虚伪都可鄙，吹嘘则更加可鄙。

我们所说的真实，不是交易中的真实，也不涉及公正和不公正（这将属于另一种德性）。与此不同，这种真实是在言谈和生活中，是由于个人的品质，而与这里所说的事情无关。像下述这样的人，被认为是一个坦诚的人，一个爱真理的人，他在无关紧要的事情中是真实的，而在差距悬殊的事情中就更为真实了；他唾弃虚假，不但因为它是可耻的，并且因为它本身。这样的人是可敬的，他有时也会偏离真理，这多是由于估计不足，因为过度是可憎的，这表现出他有较好的分寸感。

那种吹嘘自己的长处的人，如果无所为而作伪，那是可憎的（若不然它就不是虚假的），但看来还是愚昧多于邪恶。如若有所为，那为了名声和荣誉的还不算可恶（如吹嘘的人所吹嘘的那样），但若是为了金钱或者那些可换取金钱的东西，就完全称得上极可恶了（因为吹嘘者不是由于无意，而是出于自愿，由于爱夸张的品质而成为这样的人）。虚假的人，有的是爱好虚假本

---

① 亚里士多德：（公元前384－公元前322），古希腊哲学家、科学家。柏拉图的学生，亚历山大的老师。主要著作有《工具论》、《形而上学》、《物理学》、《伦理学》等。

身，有的是追求名声和业绩。那些为了名声而吹嘘的人，装出一副德高望重的样子，那些为了业绩而吹嘘的人，装出一副施惠邻里的样子，都是难于验证的，例如，吹嘘能预言、有智慧、通医术。正由于这些事有所说的难以验证的特点，所以很多人都装做有这样的本领，并以此自夸。

那些谦虚的人贬低自身的优点，他们性格看来是极其可爱的，他们所以这样做，不是想占什么便宜，而是不愿夸耀。而正是这些人却得到了他们所摈弃的最大的荣誉，如苏格拉底就是这样做的。有些人连微末明显的事情都加以否认，就被称为骗子，这是些最可鄙的人。谦虚有时看来像是夸张，像斯巴达服装那样因为过多和极为缺乏都是夸张。不过，对并非经常所见又非明显无误的事加以适当否认，则是为人所喜见的。

看来吹嘘和真实是相对立的，这是种坏品质。

慎思择言

[波斯] 昂苏尔·玛阿里①

　　不论谁都要同别人讲话交谈，但是你应慎思择言，却不应有半点谎言。你必须享有说实话的信誉。这样，当你不得不说谎话的时候，也会得到人们的谅解。不管谈什么事情，都应当说实话。但是切不可说那些好似谎言的实话。因为似谎言的实话，甚至还不如似实话的谎言呢！似实话的谎言，人们还能信以为真。而似谎言的实话，则不会有人听信。还有，千万不要说那些不能被人接受的话，即使是实话也是一样。

　　说话分为四种不同的情况：一种是不会被人接受，也不该谈论的；一种是可以被人理解，也可以谈论的；一种是即使不被人理解也可谈论的；一种是虽然可以被人理解，但不宜说出的。

　　属于既不该谈论的，也不会被人接受的范围的，是那些有损于信仰的话。

　　那些可以谈论，但他人未必理解的话，是指圣书、先知的言论，以及解释教律的学者们的著述。包括他们对经书中的词语的内在含义的理解和在枝节问题上的分歧，及其产生的原因等等。因为谁欲谙熟经书中的内在含义，需要得到至尊的主的启示才行。

　　那些可以谈论，又能被人接受的话，是指符合信仰和实际情况，说出后不论对此世还是彼世均相宜，不论对于说者和听者都是有用的话。

　　那些虽然可被人理解，但却不该说的话，是指由于说出那样的话，而引起贵人和朋友们对你的指责，认为你所想所做不符常情、不合教律。你若硬要说出，贵人会因此而气恼，朋友会因此而忧烦，仆人会因此而骚乱。这就是那种虽可被人理解，但也不该说出的话。

---

　　① 昂苏尔，玛阿里：他的主要著作《教诲录》是波斯中世纪时的一部散文名著。伊朗的"诗人之王"、著名学者巴哈尔称它是"伊斯兰文的百科全书"。

这四种情况中，最好的是那种既可使人接受又可以谈论的话。而这种情况，也都有双重性：有好的一面，也有坏的一面。同样一句话，一般人也许认为很精彩，可以理解和接受，但对于那些地位高的，和有才智的人则会不以为然。

那种慎思择言的人，用阿拉伯语说则是："把秘密压在舌下。"因为同样一件事，用某种方式表达，可以使人感到高兴，而用另一种方式说出，则会使人沮丧气恼。

语言能产生正反两方面的效果，所以一定要努力使自己的话达到最好的效果。要既能把自己的意思表达出来，又能够以合适并易于人接受的方式表达出来。假如想怎么说就怎么说，而不管恰当与否，那就和八哥一样。八哥就是只鸣其音而不知其意。只有知道该怎样说，为什么要那样说的人，才叫聪明的人。他们不论说什么都会动听，为人接受。乱说一气，其实是徒有人形，与畜牲无异。

语言是苍天所赋予的，应当予以珍重。该说的时候，要大胆说出，不要扭捏。不该说的时候，则缄默不语，决不卖弄学问。但是，所说的必须真实可信，不要废话连篇，华而不实。对自己不了解的事情，不要瞎说。不要依靠自己所不熟悉的知识或技能去养家糊口。硬去干自己所不懂得的事情，便达不到这个目的。

你应当尽量多地了解情况，尽量少地发表议论。切不要知道不多，却信口开河。人们常言：缄默不语，才能保险；夸夸其谈，最不明智。随口乱说是缺乏明智的表现，即使这个人才高学深。与此相反，如果一个人才学浅薄，但却寡言少语，人们也往往把他的沉默视为高明。

话该讲时就讲，但不要胡言乱语。因为胡言乱语再进一步就是疯言疯语了。

不论同谁交谈，都要注意是否有的放矢，人家乐于接受？假如他在洗耳静听，那就说下去；否则，就要收住舌头。总之，所说的必须受听，不能使人产生反感；而且，到什么山上唱什么歌，对待不同的人要用不同的语言。做一个头脑清醒，不昏不聩的人，待人处事就要像我上面所说的那样。

另外，还要耐心地倾听他人的讲话，不要急躁厌烦。因为只有善于学习别人，自己才能善为说辞。正如把一个新生的婴儿放进地下室里。虽然照样喂乳、抚育，但母亲和保姆不同他说一句话，也不引逗他，由于他从未听人说过一句话，待他长大后，肯定是个哑巴，不懂人们说的什么意思。所以说，听人说话的过程，也就是学习的过程。凡是天生的聋子，肯定也是个哑巴；而这也就是，为什么所有哑巴又都是聋子的道理。

你应当聆听他人的话语。牢记开明君主和才智之士的教诲。他们说："智者和帝王的教导能够使人心明眼亮，哲理正是治疗心灵的眼病的皓矾（治疗眼病的一种药物）。"对这至理名言，应当用心灵的耳朵聆听，并笃信不疑。

做狮子也要做狐狸

［意大利］ 马基雅维里①

做人能言而有信，其行为能完美正直，不靠技巧，不耍手段，那是多么值得称颂。即使如此，我们这个时代的经验仍告诉我们：那些干一番大事的成就一方霸业的君王却对"信"字非常轻视，他们能以手腕乱人心智，且最终征服了那些信守诺言的君王们。

与人争雄，世间有两种方法：一种是借用法律，另一种是凭借暴力。第一种是人的方法，第二种是兽的方法，不过单凭法律会时常觉得不足，所以明智的人通常还借助于第二种方法。因此明慎者一定既要懂得如何善于利用人性，又要善于利用兽性。关于这一点，一些古代作家们都曾经用譬喻方法教导过人们，他们讲述阿基里斯和其他许多古代君王们出世之后，如何被交托给那个半人半马的怪物开伦抚养，而且在它的管教之下成长。这个关于半兽半人老师的寓言，其用意就是指出一个真正的聪明人必须懂得如何利用人性与兽性，并指出如果二者缺一便不能游刃于这个充满欺诈与危险的世界。

你若想在人生的舞台上游刃有余，就不得不懂得如何行若野兽，你可以学习效仿狮子与狐狸。因为狮子难保自己不落人陷阱，而狐狸则不能抵抗豺狼。因此，一个有谋略的人必须是既能识别陷阱的狐狸，又是能威慑豺狼的狮子。那些只想做狮子的人不明白这一点。因此，一个聪明的人，遇到如果守信就要损害自己的利益，遇到束缚他守信的理由已不现存之时，他便应该不守信。假使人都是善的，那么这则箴言便不生效，但因人是形形色色的，

---

① 马基雅维里：(1469～1527)，意大利文艺复兴时期伟大的思想家。《君王论》被誉为最杰出的著作。

有的人不会对你守信，你也就没有对他们守信的责任。聪明的人为了自己的不守信，总不会找不到一个事理借口的。关于这一点。我们可以举出数不清的例子来，它们表示出有多少个条约与诺言曾经因君王的背信弃义而无效：那些最能效仿狐狸的人，往往可以得到最大的胜利。不过关于这个狐狸性格你必须要懂得如何掩饰——效仿狐狸者必须是出色的装模作样者与出色的伪装者，而大多数的人头脑是如此地简单，如此地易于为目前的需要所屈服，因此，谁若想设法去骗人，他永远会找到自愿的受骗者。

伟大的塞普丁摩斯·塞威勒斯便具有这样的才德，塞威勒斯使士兵们对他产生好感，虽然分经常压迫百姓，却仍能胜任并愉快地治理国家。因为无论在士兵或百姓的眼中，他的才德都是如此地值得赞美，百姓们对他怀有某种程度的恐惧，而士兵们对他则尊敬而又佩服。

因为这位皇帝的功业，以新君而论，是出色与非凡的，所以我将约略指出他如何高明地利用了狐狸与狮子的本领。这些本领并非仅仅是君王可以仿效，任何一个普通的人都应加以仿效。塞威勒斯知道了裘利安皇帝的疏赖性格，于是他说有了归他指挥的驻扎在斯拉法尼亚的军队，说他们理应开回罗马去，替派丁纳克斯皇帝报仇，这个皇帝是被御林军所杀的。他一点也没有透露他志在做一个帝国的君王，就是在这样的借口之下，他让军队向罗马开去。他一到罗马，元老院由于恐惧之故，先杀了裘利安，然后选举塞威勒斯做皇帝。这只是刚刚开始，完成了这一步之后，他知道若想统治全国，前面还有两个困难要他去克服：一个在亚洲，是罗马帝国亚洲军队的司令官尼格林纳斯，他已经在那边自立为皇了；另一个对头是西方的阿尔平纳斯，他也是志在夺取皇位。塞威勒觉得同时与两者为敌是危险的，他便决定攻击尼格林纳斯而欺骗阿尔平纳斯。对后者，塞威勒斯给他写了封信，说自己虽被元老院选举为皇，但仍愿与对方共享尊荣，并授予他凯撒的名衔，而且元老院又通过了决议，让阿尔平纳斯做罗马帝国的共主，所有这些，阿尔平纳斯都信以为真。随后塞威勒斯打败了尼格林斯，将其处死，并弄妥了东方的事务，回到罗马。塞威勒斯在元老院中公开指控阿尔平纳斯对受自于他的恩惠全不知感激，竟然背信弃义地企图暗杀他，因此，他不得不前去惩罚他的忘恩负义。塞威勒斯来到法国，不但夺了阿尔平纳斯的地位，而且还夺去了他的生命。

　　我们如果详细研究塞威勒斯的所作所为，就会发现他既是一头很凶猛的狮子，又是一只非常狡猾的狐狸；就会发现他即为人所畏，又为人所敬，却不为军队所恨，同时我们也就不会惊奇于像他这样一个新人竟能掌握如此大权了。因为他的巨大的声誉常常保护了他，使他没有因为自己的贪婪在民间造成相应的仇恨。

别去冒充自己所希望表现的人

[古希腊] 苏格拉底

凡是想有所表现的人，就应当努力使自己真正成为他所想要表现的那种人。一个人自己不是那种人而去冒充那种人，一定会给自己引起麻烦和讪笑，而且还可能给国家带来耻辱和损害。

通向光荣的大道没有比真正成为自己所希望表现的那种人更好的了。

让我们考虑一下，一个本不善于吹笛的人，却想表现出是一个善于吹笛的人，他应该怎么办？他岂不是必须在这个艺术的外表方面模仿那些善于吹笛的人吗？首先，由于吹笛的人都穿着华美的衣服，而且无论到什么地方都有一大群人跟着他们，他就必须也这样做；由于善于吹笛的人都有许多人为他们喝彩，他就必须也找许多人来为他喝彩；然而总不可以试行演奏，否则的话，他会立刻显出是一个非常可笑的人，不仅是个恶劣的吹笛者，而且还是个狂妄的吹牛家。这样，在花费了很大一笔资财之后，他不仅毫无收获，而且还给自己带来耻辱，使得自己的生活沉重、无用和可笑。同样，一个人本不是个好的将领或好的领航员，却想要表现为一个好将领或好领航员，让我们想一想会有怎样的情况。即使在他多方努力想表现出自己有这些能力之后，他仍然不能令人信服，这种失败岂不会使他感到更痛苦吗？如果他的努力幸而成功了，这种成功岂不是会给他带来更大的不幸吗？因为很显然，一个没有必要的知识的人而被任命去带领一支军队或驾驶一条船，他只会给那些他所不愿毁灭的人带来毁灭，同时使他自己蒙受羞辱和痛苦。

我们还可以以同样的方式证明：一个本不是富有、勇敢或有力量的人，而表现成是这样的人，是毫无用处的。人们把他们所不能胜任的任务强加在自己的身上，当他们辜负了人们的期望的时候，人们对他们是不会容情的。

那些利用说服的方法向别人借得钱或财物而不归还的人是个不小的骗子，但最大的骗子乃是那些本来没有资格，却用欺骗的方法使人相信他们有治国才能的人。

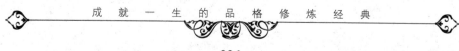

自命不凡的虚妄

［法国］ 蒙　田①

我感到奇怪的是：有的人竟如此自信，如此自以为是。而我，可以说，我是不知道自己懂得什么，也不敢认为自己能做什么的。我对自己的本领、才能心中无数，只是事后我才有所认识。我怀疑自己也像怀疑其他所有事物一样……同时，在先人有关考察人的全部学说中，一般来说，那种轻视人、贬低人、把人视做虚无的学说是我最乐于接受的，也是我所最喜爱的。

只有当哲学打击我们的自负、压抑我们的虚荣心时，只有当它老实承认本身的犹疑、薄弱与无知时，我才觉得它有良好的效用。我认为，人的自视太高是错误观念的根源，不管那是普遍见解，抑或是个人之见。有那么一些人，竟叫嚷有跨上水星的本领。远眺天空，他们真叫我感到可笑。我所作的考察不过以人为对象，在这方面我尚且遇到形形色色的主张，错综复杂的困难，就在哲学学派中也存在纷繁的见解，犹疑不定的观念。他们那些人连对自己的认识，对自己的善都没有一个明确的观念，而那是摆在他们眼前、存在于他们身上的事物。他们自身促成其运动的机体，他们却不知道是怎么运动的；他们本人掌握、操纵的机体，他们却不知道如何描述，怎样解释。这样，你可以想想，当他们向我大谈尼罗河河水的涨退原因时，我又怎能相信他们的话呢？圣经上说，好奇探索，给人们带来灾难。

---

① 蒙田：（1533～1592），文艺复兴时期，法国思想家和散文作家。主要著作有《散文集》。

莫在名誉里寻找安慰

［德国］ 叔本华①

有些人不能在高贵的性格与丰厚的财产中找到幸福的源头，则一定会需要在名誉里寻找安慰。换句话说，他不能在他自身所具备的事物里发现快乐的源泉，就会寄望他人的赞美，这便陷于危险之境了。因为究实说来，我们的幸福应该建立在身体的本质上，所以身体的健康是幸福的要素，其次重要是一种独立生活和免于忧虑的能力。这两种幸福因素的重要，不是任何荣誉、奢华、地位和声名所能匹敌和取代的，如果必要我们都会牺牲了后者来成就前者。

要知道任何人的首要存在和起初存在条件都是藏在他自身的发肤中，而并不是在别人对他的看法里；而且个人生活的现实情况，例如健康状态、气质、能力、收入、妻子、儿女、朋友、家庭等，对幸福的影响将远远大于别人高兴怎么对我们的看法千百倍；如果不能及早认清这一点，我们的生活就晦暗了。假使人们还要坚持荣誉重于生命，他真正的意思该是坚持生存和圆满都比不上别人的意见来得重要。当然这种说法可能只是强调如果要在社会上飞黄腾达，他人对自己的看法，即名誉的好坏是非常重要的。只是当我们见到几乎每一件人们冒险犯难，刻苦努力，奉献生命而获得成就其最终的目的不外乎抬高他人对自己的评价，当我们见到不仅职务、官衔、修饰，就连知识、艺术、及一切努力都是为了求取同僚更大的尊敬时，我们能不为人类愚昧的极度扩张而悲哀吗？

过分重视他人的意见是人人都会犯的错误，这个错误根源于人性深处，也是文明与社会环境的结果，但是不管它的来源到底是什么，这种错误在我

---

① 叔本华：(1788～1860)，德国唯心主义哲学家，唯意志论者。代表作《意志与表象的世界》曾一度广为流传。对现代西方哲学的发展起到了巨大的影响。

们所有的行径上所产生的巨大的影响以及它有害于真正的幸福的事实则是不容否认的。这种错误小则使人们胆怯和卑屈在他人的言语之下，大则可以造成像维吉士将匕首插入女儿胸膛的悲剧，也可以使许多人为了争取身后的荣耀而和牺牲了宁静与平和、财富与健康，甚至于生命。由于荣誉感（使一个人容易接受他人的控制）可以成为控制同伴的工具，所以在训练人格的正当过程中，荣誉感的培养占了一席要地。然而荣誉的这种地位和它在人类幸福上所生的后果是两回事，人类的目标是追求幸福，所以必须劝读者切勿过于重视荣誉感。日常经验告诉我们过分重视名誉正是一般人最常犯的错误，人们非常计较别人的想法而不太注意自己的感觉，虽然后者较前者更为直接。他们颠倒了自然的次序，把别人的意见当做真实的存在，而把自己的感觉弄得含混不明。他们希望自间接的存在里得到真实而直接的结果，把自己陷进愚昧的"虚荣"中，而虚荣原指没有坚实的内在价值的东西。这种虚荣心重的人就像吝啬鬼，热切追求手段而忘了原来的目的。

事实上，我们置予他人意见上的价值以及我们经常为博取他人欢心而做的努力与我们可以合理地希望获得的成果是不能平衡的，也就是说前者是我们能力以外的东西，然而人又不能抑制这种虚荣心，这就可以说是人与生俱来的一种疯颠症了。我们每做一件事，首先便会想到："别人该会怎么讲"；人生中几乎有一半的麻烦与困扰就是来自我们对此项结果的焦虑上；这种焦虑存在于自尊心中，人们对它也因日久麻痹而没有感觉了。我们的虚荣弄假、以及装模作样都是源于担心别人会怎么说的焦虑上。如果没有了这种焦虑，也就不会有这么多的奢侈了。各种形式的骄傲，不论表面上多么不同，骨子里都有这种担心别人会怎么说的焦虑，然而这种忧虑所费的代价又是多么大啊！人在生命的每个阶段里都有这种焦虑，我们在小孩身上已可见到，而它在老年人身上所产生的作用就更强烈，因为当年华老大，没有能力来享受各种感官之乐时，除了贪婪他剩下的就只有虚荣和骄傲了。我们所有的焦虑、困忧、苦恼、麻烦，奋发努力几乎大部分都起因为担心别人会怎么说；在这方面我们的愚蠢与那些可怜的犯人并没有两样。羡慕和仇恨经常也源于相似的原因。

要知道幸福是存在于心灵的平和及满足中的。所以要得到幸福就必须合理的限制这种担心别人会怎么说的本能冲动，我们要切除现有分量的4/5，这样我们才能拔去身体上一根常令我们痛苦的刺。当然要做到这一点是很困难的，因为此类冲动原是人性内自然的执拗。泰西特斯说："一个聪明人最难摆脱的便是名利欲。"制止这种普遍愚昧的惟一方法就是认清这是一种愚昧，要认清这是一种愚昧，我们就需先明白人们脑里的意见大部分都是错误、偏颇、和荒谬的，所以这些意见本身并不值一顾，再说，在生活中大半的环境和事务也不会真正受到他人意见的影响。何况这种意见一般是批评褒贬的居多，所以一个人如果完全知道了人家在背后怎么说他，他会烦死的。最后，我们也清楚地晓得，与其他许多事情比较，荣誉并没有直接的价值，它只有间接价值。如果人们真的能从这个愚昧的想法中挣脱出来，他就可以获得现在所不能想像的平和与快乐，他可以更坚定和自信的面对世界，不必再拘谨不安了。退休的生活有助于心灵的平和，就是由于我们离开了长久受人注视的生活，不需再时时刻刻顾忌到他们的评语；换句话说，我们能够"归返到本性"上生活了。同时我们也可以避免许多恶运，这些恶运是由于我们现在只追寻别人的意见而造成的，由于我们的愚昧造成的恶运只有当我们不再在意这些不可捉摸的阴影，并注意坚实的真实时才能避免，这样我们方能没有阻碍的享受美好的真实。别忘了：值得做的事情都是难做的事。

无需购买他人的傲慢

[古罗马] 爱比克泰德①

在私下交往或在礼节拜访中，有人在你面前表示过热情的款待吗？如果这些事是好的，你应该对得到他的热情款待而感到高兴；如果它们是不好的，你也不要为自己没有得到这些而觉得悲伤。要记住，你决不可用得到它们的同样方法，从外部与其他人竞争。因为不常去拜访一个人的家，不奉承他，不赞扬他，那么怎么能够与做这些事的人得到同样的份额呢？如果你不愿为这出售的东西付钱，一文不付就想据有它们，那你是不对的，不讲道理的。例如，莴苣卖多少钱？一个金币。如果另一个人付了一个金币。拿走了莴苣，你没有付钱，空手走了，你不能认为那个人占了你的便宜。因为，像那个人得到了莴苣一样，你保有一些金币，没有付出。在这里所说的问题上也是如此，你没有被邀请参加一个人的宴会，因为你没有付给他这顿饭出售的价钱。它为赞扬而出售；它为奉承而出售。如果对你有利，就付给他这个价钱。但是倘若你不付出，还想得到，那你是不讲道理和愚蠢的人。那么，你在这顿饭上一无所有吗？有，的确，你有——不赞扬你不喜欢赞扬的人；不会忍受那个人的仆人的傲慢。

---

① 爱比克泰德：（约66～?），古罗马斯多葛派哲学家。奴隶出身，后为赎为自由民。

生活不可随波逐流，也不可格格不入

［古罗马］塞涅卡

　　有些人渴求的只是别人的注意，而不是自己的进步，因此他们只去做那些估计会引起别人评论他们仪表和生活方式的事情，切莫学这种人的样子。不要衣着褴褛，长发披肩，胡须蓬松；也不要明显地表露出对银器的厌恶；不要躺在地上睡觉，也不要采用其他任何方式自我吹嘘。试想一下，要是我们完全不顾社会习俗而我行我素，人们的反应该是怎样？就内在本质而言，一切事物都彼此不同；但在外表上，我们则应同民众保持一致。我们的衣着既不要过于艳丽而俗气，也不可破烂而肮脏。我们不必拥有镶着纯金的银盘，同时也不要以为无金无银就证明我们生活朴实。我们追求的目标应该是生活方式高于民众，但又不与民众的格格不入。否则，我们就会排斥和疏远民众，而我们是希望改造民众的。更重要的是，我们甚至会因此使民众担心必须一切都仿效我们，从而在任何方面都不愿意仿效我们。

　　生活的哲学应允我们的头一件事就是友情，这就我们作为人类一分子的感情，作为共同体中一个成员的感情。我们脱离民众，就意味着放弃这个宣言。必须注意，我们希望借以获得赞扬的行为方式，并未遭受嘲笑和被人敌视。所有人都知道，我们的座右铭是：顺应自然。因此，使身体过分疲劳，主张不干不净吃了没病，进食的不是普通饭菜，而肮脏可怕和令人作呕之物，这都是违逆自然的。同样，一味追求食物精美是生活奢侈的标志，不愿吃家常便饭是精神病症的预兆。哲学家虽然提倡质朴的生活，但并非要人苦苦修行，而质朴的生活方式不必是粗鲁野蛮的。我的标准是：人的生活应介于理想和普通美德之间。我们的生活方式应受到民众的赞扬，同时又要为民众所理解。

　　这是不是说我们应该完全同别人一样？我们和别人不存在任何区别呢？肯定会有区别的。任何一个观察周密的人都知道，我们同民众并不相同。但是，我们所希望的是，到我们家来的人赞颂的应该是我们的为人，而不应是我们家中的陈设。能够视陶器为银器的人是伟大的，视银器为陶器的人也并不稍少一点伟大。把财富当做难以忍受的负担，这是心理不正常的表现。

让自己有做好事的机会，又不牺牲自己的产业

[古罗马] 西塞罗

我们应当避免任何吝啬的嫌疑。马穆库斯是一个很有钱的人，他之所以未能当上执政官就是因为他拒绝担任市政官。所以，如果人们要求举行这种请客招待活动，判断力健全的人，即使心里不愿意，至少也要答应请客。但是在这样做时，应当量力而行。

施财的正当理由或是必需，或是谋利。而且即便如此，也最好采取中庸之道。由一种慷慨的精神所激发的那种施财，我们也应当根据不同的情况区别对待。处于厄境的不幸者的情况和虽然无灾无难但试图使自己生活得更好的人的情况是不同的。我们应当更多地关心那些不幸的人，除非他们是罪有应得。当然，对于那些希望得到他人的帮助以便使自己的日子过得更好而不是为了使自己免遭灭顶之灾的人，我们也不应当一概拒绝予以帮助。但是在选择合适的施善对象时，我们则应当运用判断力和辨别力。因为，如恩尼乌斯所说的那样："善行若施错对象，在我看来，便是恶行。"

对一个善良并且知道感恩的人施惠必然会得到报偿——即不但会博得他的好感，而且还会博得其他人的好感。因为，当恩惠并不是不加辨择地滥施时，它必然会赢得最大的谢忱，人们也会以更大的热情称赞这种善行，因为身居高位者的仁慈之心乃是每个人都可受用的"公共避难所"。所以，应当努力利用这种仁慈去惠及尽可能多的人，让受者的子孙后代永远铭记这种仁慈，以便使他们也不会忘恩负义。因为所有的人都厌恶忘恩负义，认为这种邪恶的行为对他们也是一种伤害，因为它会挫伤慷慨行善者的积极性。所以，他们就把忘恩负义者看成是所有穷人的公敌。

一个君子不但应该慷慨施财，而且同时还应该体谅别人，不强行索要自己应得的报偿，但在一切商务交往中——在买卖、雇佣、租赁，或由于毗邻的房屋和田地而产生的各种交往中——则应当公平合理，经常慷慨地在自己

的权益方面做大幅度的让步，在自己的利益所容许的范围内尽量不提起诉讼，有时即使自己的利益受点损失也在所不惜。因为稍微放弃一些自己的正当权益不仅显得慷慨，而且有时甚至也是有利的。但是，我们应当看管好自己的个人财产，因为让它从我们指缝中流失是不光彩的；不过，也不应当成为守财奴，被人指摘为吝啬或贪婪。因为，毫无疑问，财富的最大特权就是使人有做好事的机会而无需牺牲自己的产业。

莫靠外在的聪明证明内在的愚笨

［英国］培根

法兰西人的聪明隐藏在内，西班牙人的聪明显露在外。前者是真聪明，后者则是假聪明。不论他们两国人是否真的如此，但这两种情况是值得深思的。

圣保罗曾说："只有虔诚的外表，却没有虔诚的内心。"与此相似，生活中许多人徒然具有一副聪明的外貌，却并没有聪明的实质——"小聪明大糊涂"。

冷眼看看这种人算尽机关，办出一件蠢事，简直是令人好笑。例如有的人似乎是那样地善于保密，而保密的原因其实是因为他们的货色不在阴暗处就拿不出手。

有的人喜欢故弄玄虚，说起话来藏头露尾，其实是因为他们对事情除一点皮毛之外再无所知。

有的人是那样乐于装腔作势，就如同西塞罗嘲讽的那位先生一样："把一条眉毛耸上额角，另一条眉毛垂到下巴。"

有的人说话专拣华丽的词藻，对任何不了解的事物都敢果断地议论，似乎如此便可证明自己的高明。

有的人藐视一切他们弄不懂的事物，以轻蔑来掩盖自身的无知。

还有的人对一切问题都永远表示与人不同的见解，专挑剔皮毛，以抹杀本质，以此来标榜自己具有独立的判断力。其实这种人正如盖留斯所说的："一种疯子，全靠诡辩来败事。"

柏拉图在《智术之师》一文中刻画的普罗太戈斯，可以算做这种以诡辩空论误人子弟的典型。让他做一次讲演，他可以从头到尾言不及义，却通篇都在批评别人与他的分歧。这种人总是否定多于肯定，批评多于建树。之所以如此，恰是因为建树比批评困难得多！这种假聪明的人为了骗取有才干的虚名，简直比破落子弟设法维持一个阔面子的诡计还多。这种人，在任何事业上也是言过其实、不可大用的。因为没有比这种假聪明更误大事了！

投机取巧并非把事情做好

［古希腊］ 苏格拉底

　　一个人应当努力追求什么呢？我想每个人都应当努力追求把事情做好。那么一个人应不应当追求好运气？至少在我看来，运气和行为是完全相反的两件事情。因为我认为不经追求就获得了所需要的东西这是好运气，而通过勤学和苦练来做好一桩事情，这才是我所说的把事情做好。那些努力这样做的人，在我看来，就是在把事情做好的人。最好而最为神所钟爱的人，在农业方面，是那些善于种田的人；在医药方面，是那些精于医道的人；在政治方面，是那些好的政治家们……至于那些不能把事情做好的人，既没有任何用处，也不为神所钟爱。

莫为还未发生的事情感到痛苦

［古罗马］塞涅卡

　　对人的欲望加以限制，实际上有助于医治他的恐惧症。赫卡托说："不再希望，也就不再害怕。"你也许会问："希望和害怕如此不同，怎么能联系在一起呢？"它们表面上看来似乎没有联系，实际上却是密切相关的；尽管很多方面不同，但它们是一起行进的，就像犯人和给他带上手铐的警卫队要一起行进一样。害怕和希望同步，这并不使我感到惊讶，因为二者都属于犹豫不决的心理，都是由于焦心于未来而造成的一种心理状态。它们主要起因于思想不适应现实，远远地跑到了现实的前头。于是，预见这一赐予人类的最伟大的神恩，竟成了一个祸根。

　　野生动物只逃离它们眼下的实际看到的危险，一旦危险过去，也就不再担心。但我们却既为过去的事受苦，又为将来的事着急。我们的许多福分都使我们受到伤害，因为记忆会带回害怕的极度痛苦，预见又提前引起这个痛苦。没有一个人能把他们的不幸局限于现在。

骄傲是一种不自知的愚蠢

［俄国］ 托尔斯泰①

人的骄傲之心是很难消灭的：你刚刚补上一个洞，转眼它又从另一个洞里探出头来，再堵住这一个，它又从第三个里冒出来，以此类推。

只爱自己一个人，这就是骄傲的根源。骄傲是无法自制的自私自利。骄傲的人们认为只有他们自己比别人都善良、都优越。而另一些骄傲的人则认为，上述的那些人并不好，只有他们才是最好的。但这些骄傲的人并不为此而感到尴尬，他们完全相信，所有自认为高于他人的人都错了，因为只有他们自己是对的。

骄傲完全不是人的优越感体现。骄傲因人们虚伪的恭敬和虚伪的赞美而膨胀；人的优越感正相反，它因人们的虚妄的侮辱和责难而光大。

人对自己越满足，他身上值得满足的东西越少。物体越轻、越松，占的地方越大。骄傲也是如此。因此，佛教《经集》建议，应从水流向大海和深谷学到一些东西：小河流水哗哗作响，而无边的大海默默无声，只是微微摇荡。

骄傲的人害怕任何方式的批评。他之所以害怕，是因为感到他的伟大并不牢固，只要在他自己所吹起来的泡上哪怕出现一个小洞，这种伟大就会化为泡影了。

愚蠢可以不伴随着骄傲，但骄傲不能不伴随着愚蠢。一个人越骄傲，那些把他作为蠢人看待并利用他的人就越多。这些人的想法不错。因为他们用最明显的手段去欺骗他，而他却视而不见。骄傲无疑就是一种不自知的愚蠢。

生活中最主要的事就是完善自己的灵魂。而骄傲的人始终认为自己是十全十美的。正因如此，骄傲极为有害。它妨碍人去完成人生的主要事业，妨

---

① 托尔斯泰：(1817～1875)，俄国作家。生于贵族家族。主要著作有《安娜·卡列尼娜》、《复活》等。

碍人改善自己的生活。

骄傲的人总是忙于教训他人，以至于从不考虑自己，当然也不必考虑：他们认为自己是那么地好。正因如此，他们教训他人的次数越多，自己就跌得越低。正如《马太福音》里所言："你们中间谁为大，谁就要做你们的佣人：因为凡自高的，必降为卑；而那自谦的，必升为高。"那在人们心目中抬高自己的，必将降为卑贱的，因为被人们视为好的、聪明的、善良的人，就不再努力去做得更好，更聪明，更善良。那自视卑贱的将成为高贵的，因为那认为自己不好的，就会努力去做得更好，更善良，更有智慧。

骄傲者的行为，正如走路的人不迈动自己的双脚而要踩到高跷上去一样。在高跷上站得高，沾不到泥污，步子也大些，很不幸的是，踩着高跷你无法走远路，并且说不定还会摔倒在泥污中，遭到人们的讥笑，最终落在别人的后面。骄傲的人就是如此。他们远远地落后于那些并不能拔高自己身材的人，不仅如此，他们还常常从高跷上摔下来，成为人们的笑柄。

两个骄傲的入走到一起，每个人都认为自己高于世上所有的人，这种情景更是可笑的。从旁观者来看是可笑的，但这两个骄傲者自己不会感到可笑：他们互相仇视，并因此而受到折磨。人们相互仇视，他们知道这不好。于是，为了欺骗自己，便昧起良心，为自己的仇恨心理想出辩解的理由。这些理由之一是，我优于其他人，而他们不明白这一点，因此我跟他们无法合得来；另一个理由是，我的家庭比其他家庭都好；第三个理由是，我的阶级比其他阶级都好；第四个是，我的民族优于其他民族。

没有任何东西像个人的、家庭的、阶级的和民族的骄傲这样，把人们搞得四分五裂。人不是去爱兄弟，而是对他们发怒，这不好。但更坏的是，人使自己确信，他不是像大家一样的普通人，而是优于他人的人。因此，他可以不用本想对待他人的方式去对待他人。

人为自己的脸蛋、为自己的身体而骄傲是愚蠢的，但更愚蠢的是人为自己的父母、祖先、自己的朋友、自己的阶级、自己的民族而骄傲。

人自认为是最好的人，这是糟糕而愚蠢的事。把自己的家庭看得比所有家庭都好，这更糟，也更蠢，但我们往往不仅不知道这一点，还把这看做特殊的优点。认为自己的民族优于所有的其他的民族，则是一切所能有的蠢事中最愚蠢的事。但人们不仅不把这当成坏事，反而当成伟大的美德。

当一个人沾沾自喜地说：瞧我有多好呀！这就是堕入泥淖的开始。

赢得人们的爱戴是保证权力永不旁落的办法

［古罗马］ 西塞罗

谁不知道命运之神具有赐福和降祸这种双重的强大力量呢？当我们得到命运之神的助佑，一帆风顺时，我们就能平安地到达目的地；当我们命运不济，遇到狂风恶浪时，我们就会翻船或触礁。命运之神的确会带来出乎我们意料之外的灾祸，这些灾祸首先是起因于没有生命的自然——飓风、暴风雨、海难、灾难、火灾等；其次是起因于野兽——踢、咬和袭击等。但这些灾祸是比较罕见的。但是，我一方面想到军队的覆没，将军的阵亡，民众的愤恨，以及常常因此而导致的忠良之臣被放逐、被革职或逃亡；另一方面，我也想到成功，文武官员的荣誉，以及胜利——尽管所有这一切都含有机运的因素，但不论好坏，如果没有众人的支持与合作，它们是不可能发生的。

对命运的影响作了这番说明之后，我就可以着手解释怎样才能赢得他人的爱戴，使得他们心甘情愿地与我们合作，共同效力于大业了。

每当人们给予一个人任何东西以提高其地位或威信时，他们可能不外乎出于以下几种动机中的任何一种：可能出于善意，当他们因为某种原因而喜欢他时；可能出于尊敬，如果他们敬仰他的人品并认为他应当平步青云的话；他们可能信任他，并认为他们这样做对自己有利；或者，他们可能害怕他的权势；相反，他们可能希望得到某种赏赐——例如，君主或民众袖赠与礼金；他们可能为答应给以回报或酬金的许诺所动。我承认，最后一种是所有动机中最卑鄙、最利欲熏心的动机；无论是那些为这种许诺所动的人，还是那些冒险使用这种许诺的人，都是可耻的。因为，本应靠优点来获得的东西却企图靠金钱来获得，那就很糟糕。但是，由于求助于这种支持有时是不可避免的，所以我必须解释一下应当怎样利用这种专持。

同样，人们服从他人的权势也出于各种不同的动机：善意；感恩；由于对方的社会地位显赫，或希望服从能为自己带来好处；怕自己将来被迫只好服从；希望能得到礼金，或为慷慨的允诺所诱惑；或者，可能是被钱收买了，这在我们国家是常见的。

但是，在所有这些动机中，没有比"爱"更适合于产生并牢牢地保持影响力的了；没有比"怕"更不利于达到这个目标的了。恩尼乌斯说得好："人们怕谁，也就恨谁。人们恨谁，也就是巴不得看到谁完蛋。"如果以前人们不知道的话，那么我们最近已发现，无论多大的权势都禁不住众人的怨恨。朱利乌斯·凯撒的凶死就说明了众怨所归的恶果。其他所有独裁者的类似命运也给我们以同样的教训，他们当中几乎没有一个能逃得过惨死的下场。因为，使人畏惧是一种保持权力的拙劣手段；相反，赢得人们的爱戴才是保证权力永不旁落的可靠办法。

不过，那些靠武力使人臣服的人当然不得不使用严酷的手段，比如说，主人对待奴隶，当其他人任何方法都不能制驭奴隶时，主人就只好使用暴力了。但是在一个自由的国度里，谁要是处心积虑地使自己处于让人惧怕的地位，那他就是世界上头号大疯子。因为，法律决不可能这样容易为个人的权力所制伏，自由精神决不可能这样容易被个人的权势所吓倒，它们迟早会在无声的公众情绪中，或在选举国家重要官员的无记名投票中，显示出自己的威力。一度受到压制而后又重新获得的自由，比从未经历艰险的自由更强劲牢固。因此，让我们采取这样一种策略（这种策略能赢得个人的好感；它不仅是保证安全而且也是获得或保持权势的最有效的方法）——即不让人家惧怕，而让人家爱戴。这样，无论在私生活还是在公共生活中，我们都会轻而易举地获得成功。

此外，那些希望被人惧怕的人必定也害怕那些受他们威胁的人。譬如，就拿大狄奥尼西乌斯来说，他简直受尽了恐惧的折磨。由于害怕理发师的剃刀，他只好用一块烧红了的煤来烧断自己的头发。我们不妨再来看看亚历山大，他是以什么样的心境度日的呢？我们从史料中得悉，他很爱他的妻子忒琵；但是，每当他从宴会厅出来到她房间去时，他总是叫一个蛮族侍卫——据记载，此人也像色雷斯人一样，身上刺有花纹——拿着一把出鞘的剑，走在前面，为他开路；而且，他还常常派他的一些贴身保镖先行去窥探夫人的箱箧，查看她的衣柜里是否藏有凶器。多么不幸的人啊！竟然认为一个蛮人，一个身上打烙印的奴隶比自己的妻子可更信！不过，他也没有看错。因为，他最终还是死在他妻子的手里，原因是，忒琵怀疑他另有所爱。

任何势力，不管如何强大，如果它苦于恐惧的压力，那就不可能持久。比如，法拉里斯，他以凶狠毒辣过人而臭名昭著。他最后不是（像我刚才提到的那个亚历山大一样）被谋杀的，也不是（像我们的暴君一样）被几个阴谋家杀害的，而是阿格里根都姆的全体人民一同起来反抗他，把他杀死的。

另外，马其顿人不是曾背弃德墨特里乌斯而一齐投奔皮勒斯了吗？还有，当斯巴达人对其盟国专横地实行霸权主义时，这些盟国实际上不都也曾背弃了他们，对他们在琉克特拉战役中的失败作壁上观，坐视不救吗？

人之不同，各如其面

［西班牙］ 葛拉西安①

只要看见一头狮子，便会知晓它残忍的脾性；观察一只羊，便会知道它温驯的习性。而看见一个人，却很难了解其人的脾性。凡狮皆残忍，羊皆天真；人的性格却各有不同。高贵的雄鹰必生出高贵的后代，但具有伟大心灵的人却未必能生出具有伟大心灵的后代，小人也未必会生出小人。每个人都各自具有不同的面孔与品味，从来不会有两个人具有相同的性格与习性。聪明的自然赋予我们不同的面孔，使我们每个人能以其言语与行为验明正身，以免善恶相混，雌雄不辨，一人之诡计被误认为他人的阴谋。

许多人花时间去研究动物以及草药的属性，其实研究人的习性比这些重要得多了，它牵涉的可是我们的生死存亡。更值得我们应注意的是，我们所看到的人，也并非都真正是人，因为在我们的大城小镇之中处处藏着可怕的怪物：无所事事的聪明人、不知明慎的老年人、没大没小的年轻人、不知羞耻的女人、富而不仁之流、贫而无礼之辈、高而不贵之属、目无法纪之徒、了无人性之人以及人格无实之人。

---

① 葛拉西安：17世纪西班牙的一位耶稣会教士。寓言小说《批评大师》是西班牙讽刺文学中最杰出的作品。《智慧书》、《箴言书》更具盛名。

力所能及的恶，都要受到责备

（古希腊）亚里士多德

我们的愿望是有目的的，而达到这个目的的手段则必须依靠谨慎考虑和仔细选择。因此，与此相关的行为都是出于我们自己的选择，并且都是自愿的。

各种德性的现实活动，也就是关于手段的活动。德性是对我们而言的德性，邪恶也是对我们而言的邪恶。我们所能及的事情，可以做，也可以不做。在我们能够说不的地方，也能够说是。如若高尚的事情是由我们做成的，那么，丑恶的事情就可能由我们做出。如若我们不去做高尚的事情，那么，我们就得去做卑鄙的事情。如若我们有能力做美好的事情和丑恶的事情，我们也有能力不去做。既然行为可以是对善事的行为，也可以是对恶事的行为，那么，做个善良之人还是丑恶之人，也就是由我们自己选择。

俗话说："无人自愿受苦，也无人不自愿享福。"不过这句话只说对了一半，另一半则是错的。没有人不自愿享福，这当然，但作恶往往却是自愿的。若不然，我们的话就自相矛盾了，就不能说人是自身行为的始点和生成者，正如对孩子一样。因此，在我们自身的始点之外，我们找不到其他的始点。行为是我们的行为，是自愿的行为。

如若无知果真是过错的原因，那么它自身应受到惩罚，例如酒醉的人犯了过错应受到加倍的惩罚。因为始点就在他自身之内，如果清醒他就可以自主，无知是他过错的原因。一个人如果由于对应该知道、又不难知道的法律规定无知而犯过错，就应该受到惩罚。在另外的情况下，有些人由于粗心大意而不知道，如此就不能说他是无知，他完全可以主宰自己，而不粗心大意。

也许有人生来就是粗心大意，生活就是懒懒散散，但仍然要对自己的不义和放纵负责。因为他们只会消耗时间，过着沉迷的生活，一个人如果经常去做一件事情，他就变成那个样子。人们若打算参加竞赛或其他什么活动，就显然必须持续不断地去锻炼自己，增强技能。只有那真正无知的人，才不知道道德品质是一定现实活动的产物。如若一个人知道自己的行为会产生不义，那么他就是一个自愿的不义之人。由此，说一个行不义之事的人并非自愿，说一个放荡的人并非自愿，当然毫无道理。但这并不意味着，只要他愿意就不再是不义的，而是公正的人。

一个病人不可能随意成为健康的人，虽然很可能他生病是自愿的。他在生活上没有节制，又不听从医生的劝告，如果在当时能自己检点的话，他本来可以不招致病患。但现在就一发难收了，正如一块扔出去的石头不可能再收回来一样。但把石头拾起来、扔出去还是出于自己的选择，开始之点是在人们自身之内。那不义之人和放荡之辈也是如此。在开始，他们本来可以不成为此等模样，然而既然他们自愿，也就无力加以改变了。

不但灵魂上的恶是自愿的，在某些情况下，身体上的恶也是如此，并且受到责怪。没有人会去责怪一个天生丑陋的人，但却责怪那些因不锻炼和不慎重而导致如此的人。对于伤残人也是这样，谁也不会去嘲笑一个生而盲目的、因疾病或打击而失明的人，但却都责怪那些因纵酒和放荡而致盲的人。所以，凡是由我们自己而造成的身体上的恶，都要受到责备，而我们无能为力的就不会受到责备。这样看来，我们力所能及的恶，都要受到责备。

或者说，人们所追求的那些显得是善的东西，对这些表象他们无主宰能力。每个人是个什么样的人，对于他目的也显得是个什么样子。如若每个人对自己的品质负责，那么在某种意义上也要对自己的表象负责。若不然人人都可以对自己的恶行不负责了。他之所以这样做，是由于对目的的无知，认为这样做会给他带来最大的善，或者身不由己，才以此为目的。

人生来似乎应该具有一种像视觉那样的洞察力，以便正确地判断，选择真正的善。一个人如果生来就有这般美好的能力，他是个生而优秀的人。凡是最伟大的东西，最高贵的东西，既不能从他人取得，也不能从他人学到，而是天生的东西。如若生而具有这样优越而美好的能力，也就是生而具有完全和真正的道德品质。

君子之道

［英国］ 亨利·纽曼①

一个人行事如果不给他人招致痛苦，则合乎君子之道，这话既不失为雅正，而且就其实质而言也不为不确切。所谓君子，即在他能注意为他周围的人解除其行动障碍，使之办事免受拘牵；而他在这类事上是重同情，而不重参与。他所能给予的帮助也多少带有这种性质，正像在安排人们起居时，尽量做到令人舒适：仿佛安乐椅能为人解乏和一团炉火能为人祛寒；虽说没有这些，自然仍能予人以其他恢复与取暖之法。

真正的君子在与其周围的关系上也必同样避免产生任何龃龉与冲突——诸如一切意见的冲撞、感情的抵牾、一切拘束、猜忌、悒郁、愤懑，等等；他所最关心的乃是使人人心情舒畅，自由自在。他的心里总是在关注着全体人们：对于腼腆的，他便温柔些；对于隔膜的，他便和气些；对于荒唐的，他便宽容些；他对正在和自己谈话的人属于什么脾气，能时刻不忘；他对那些不合时宜的事情或话题都能尽量留心，以防刺伤对方；另外在交谈时既不突出自己，也不令人厌烦。当他施惠于他人时，他尽量把这类事做得平淡，仿佛他自己是受者而非施者。他一般从不提起自己，除非万不得已；他绝不靠反唇相讥来维护自己；他从不会把一切诽谤流言放在心上；他对一切有损于自己的人从不轻易怪罪，另外对各种行为言论也总是尽量善为解释。因与人辩论时他丝毫不鄙吝偏狭，既不无道理地强占上风，也不把个人意气与尖刻词句当成论据，或在不敢明言时恶毒暗示。他目光远大，慎思熟虑，时常以古人的格言为自己的行动楷模，即我们对待仇人，须以异日争取其作友人为目标。他深明大义，故不以受辱为意；他志行高洁，故不对毁谤置念；他

---

① 亨利·纽曼：（1801～1890），英国红衣主教、作家。著有《基督教教义的发展》等。

尽有它事可做，故不暇对人抱敌意。他耐心隐忍、逆来顺受，而这样做又都以一定的哲理为根据；他甘愿吃苦，因为痛苦不可避免；他甘愿孤独，因为这事无可挽回；他甘愿死亡，因为这是他的必然命运。如果他与人涉入任何问题之争时，他那训练有素的头脑总不致使他出现一些聪明但缺乏教养的人所常犯的那种冒失无礼的缺点；这类人仿佛一把钝刀那样，只知乱砍一通，但却不中肯綮，他们往往把辩论的要点弄错，把气力虚抛在一些琐细上面，或者对自己的对手并不理解，因而把问题弄得更加复杂，至于他的看法正确与否，倒似乎无关宏旨，但由于他的头脑极为清醒，故颇能避免不公；在他身上，我们充分见到了气势、淳朴、斩截简练。在他身上，真挚、坦率、周到、宽容得到最充分的体现；他对自己对手的心情最能体贴入微，对他的短处也能善加卫护。他对人类的理性不仅能识其长，抑且能识其短，既如其领域范围，又颇知其不足。

不要轻视懦弱的人

［古希腊］ 伊索①

一只鹰在追捕一只兔子。

兔子看见没有什么人可以救他，只是恰巧看到一只蜣螂，便求他援助。蜣螂鼓励兔子，他见鹰将要到来，便请求鹰不要抓走向他求救的兔子。但鹰因为蜣螂很小，看不起他，就在他的眼前把兔子吃掉了。

自此以后，蜣螂深以此为憾，他便不断地去守候鹰巢，只要鹰生卵，他就高高地飞上去，把鹰卵推滚出来，将它打碎。

鹰到处躲避，直至后来飞到宙斯那里去（因为他是属于宙斯的神圣的鸟），请求宙斯给他一个安全的地方可以养育儿女。宙斯许可他在自己的膝上来生产。

蜣螂知道了这件事，就做了一个粪团，高飞上去。将粪团投在宙斯的膝上。宙斯想要拂落粪团，便站起了起来，不觉把鹰的卵都掉了下来了。

自此以后，据说蜣螂出现的时节，鹰是不造他的巢的。

所以，我们不要看不起任何人，因为没人懦弱到连自己受了侮辱也不能报复的。

---

① 伊索：(约公元前6世纪)，古希腊作家。所编寓言经后人加工，以诗或散文形式发表，即今天流传于世的《伊索寓言》。

用理性来纠正自己的盲从

［古罗马］塞涅卡

凡事只要看得淡些，就没有什么可忧虑的了；只要不因愤怒而夸大事态，就没什么事情值得生气的了。让自己习惯宽容是很重要的，即便富人和生活宽裕的人也时常遇到艰难的时光与困境，也时常因此受到挫折。没有人能够想要什么就有什么，但能够不去奢望他没有的东西，能够高高兴兴地充分享用他确能得到的东西，能严格控制自己的食量，又经得住极大其粗糙的食物，这是向独立迈出了一大步的标志。

我们都需要对自己的心灵进行一次检验，最好是一次突如其来的检验——这样的检验更为客观，更能说明问题。如果心灵事先早有准备，预先告知自己要表现出很好的承受力，那就不能弄清楚它究竟有多大的力量了。只有当它以不仅是沉着的而且是清醒的方式对待令人恼怒的事情之时，当它克制着自己，不使自己动怒或与别人争吵之时，当它对自己所想要得到的一切都能保持抑制的态度，并不去这也想要那也想有之时（这可能导致它的某个习惯会因此而错过一样东西，但心灵自身是决不会有所失的）——这时它当即所做出的决定才是最为可靠的。

有很多东西，只有当我们没有它们也能对付得过去时，我们才会认识到原来它们是多么不必要的东西。我们一直在使用它们，这并不是因为我们需要它们，而是因为我们拥有它们。你看有多少东西，我们买下它们，只是因为别人已经买了，或是因为许多人的家里都有了。我们身处困境的根源之一，就在于我们总是以别人为榜样来安排自己的生活；我们不是用理性来纠正自己的盲从，而老是被常规习俗所引诱。一件事只有少数几个人做的时候，我们时常不会特意地去加以模仿，可是一旦很多人都开始做了，我们就随大流了。因为一件事会由于为更多人所接受而变得更加值得尊重。错误的作法一旦成了普遍的实践，我们就会将其看做是正确的了。

你应当避免同所有随波逐流的人交往，他们是些传送邪恶的人，他们不断地向人们散播邪恶。我们常常以为到处播撒谎言的人最为可恶，可不知这种播撒邪恶的人更为可恶。与这种人打交道是祸害无穷的，因为我们即使不立刻受其毒害，邪恶的种子也会留在我们心里，并且甚至在我们同他们分手之后，也仍然跟随着我们，并在将来某个时候萌发出来。

一场美妙的音乐会上动人的歌声，在音乐会结束之后，仍然伴随着听了音乐会的人们，萦绕于他们的脑际，这些乐声干扰他们的思维，使他们无法集中精力思考重要的事情。同样，势利眼、寄生虫的话听了很久以后也仍然会贴在我们的耳朵里。要把萦绕在脑际的这些毒害我们心灵的"音符"从记忆中抹去，是很不容易的，他们会久久地伴随着我们，经常在我们的脑海中重现出来。这就是我们为什么要对不存好意的言谈闭耳不闻，并且要在它刚一出口就赶快避开的道理。

一旦听了这种话，并且相信它，它就会更加嚣张起来，最终会发展到这种程度，以致声称"美德、哲学和正义都只是些华而不实的货色，人生只有一种幸福，那就是尽情地享受生活。吃喝玩乐，将继承来的钱财挥霍一空，这就是我所认为的生活——也就是我所说的牢记终有一天你会死去的这个事实。岁月悄悄逝去，我们的生命在逐渐地耗去，再不复返。还犹豫什么呢？明智又有什么用呢？年岁不饶人，它不会总是让我们享受人生乐趣的。那么当我们的年龄还能享受，还渴望享受这种乐趣的时候，为什么还要对自己如此苛求呢？还是立刻受用掉死亡将带走的一切吧。看你——既没有情妇，也没有让情妇吃醋的侍童；每天出门时头脑都很冷静，在饮食上，似乎还非得向你父亲呈递一本每日费用本以求得到批准。这不是生活——这只是别人享受的生活的一部分。自己过苦行僧的生活以便为后人挣下一笔遗产，这是多么愚昧呀。这种策略实际上只会起到变友为敌的作用，而且正是你准备留给后人的财产将造成这个后果，因为你的后人将继承的财产越多，他对于你的死亡就越是高兴。至于那些乖戾的、不赞成我观点的人，那些既指责别人的生活又作贱自己的生活的人，那些把自己誉为整个社会的道德导师的人，你连两个便士都不必给他们。优越的生活第一，崇高的声誉居后，对此你永远不要有什么犹豫。"

这种论调就像那些使俄底修斯拒绝把船从其旁边驶过，直至被绑在桅杆上的歌声一样有魔力：诱使人们背叛国家，背叛父母，背叛朋友，背叛美德，因为它使人们产生各种欲望，仅仅是为了以后好来取笑他们所过的堕落的、可悲的生活。坚持正确的航道，直到最终抵达目的地，此时你感到愉快的事也就是高尚的事，高尚的事也就是愉快的事，这可不知要好多少啊。

只要我们认识到有两类事情，一类吸引我们，一类排斥我们，我们是能够做到这一点的。吸引我们的是财富、享乐、美貌、晋升以及其他各种令人欢迎、富有诱惑力的东西；排斥我们的是劳累、死亡、痛苦、耻辱和贫困。我们需要的是磨炼自己，不追求前者，也不害怕后者。让我们把这个战役倒过来打吧——避开吸引我们的东西，激励自己去迎接那确实攻击我们的东西。你知道，人们上山和下山的姿势是不相同的，下山时朝后仰，而沿着陡峭的山峦向上爬时，则向前倾。因为下山时会把重心前移，上山时会把重心后移，这就会与你所要抗衡的力在方向上一致。通往享受的路就是下山之路；上山之路则带领我们通往崎岖、艰难之境，这时让我们把身子前移吧，而在向另一方向走时，则把身子往后倾斜吧。

你现在是不是在想，只有那些我认为对我们的耳朵有危险的人，才会赞誉享受，才会向我们灌输对于痛苦的恐惧（其本身就是件可怕的事）？不，我认为，那些促使我们做错事的人，也同样危害我们。他们大肆渲染我们关于只有聪明的人、经验丰富的人才能够真正去爱这一原则，说什么"他"是唯一天生就赋有爱情艺术的人，所以，他也是最懂得美酒与聚会的人。那么这里就有个值得讨论的问题：爱少年俊身的合适年龄能够一直延续到多大？

这种事情在希腊人看来可能没有关系，不过我们最好能听听这样的话："没有人是碰巧成为好人的，美德须先学后得。享受既拙劣又渺小，毫无任何价值：它是我们和不会说话的牲口所共同具有的——只为最渺小、最微不足道的生灵所追求。荣耀只是虚无的、反复无常的，就像天气一样多变。贫困绝非坏事，对谁都如此，只对憎恨它的人是个例外。死亡不是邪恶，那它又是什么呢？它是人类拥有的唯一不受任何歧视的规律。迷信不过是一种白痴的歪理邪说：它害怕自己本应热爱的东西，侮辱自己实际崇拜的东西，因为否认神灵与抵毁神灵完全是一回事。这些都是应该学习，而且不仅是学习，还要铭记于心的东西。哲学不会给邪恶找借口的；病人要是因受医生的鼓励而以无视后果的方式生活，那他是绝无治愈的希望的。

教养使人不平凡

[英国] 休 谟①

无论自然赋予我们的心灵什么恶的倾向，或赋予什么能使别人喜欢的情感，精致的教养都会教导人们把这些天生的倾向对立起来，使它们引起的举止保持某种不同于自然天性的有情趣的外貌。因此，即使我们通常都是骄傲和自私，容易自以为比别人强的，一个懂礼貌的人还是会在举止上尊重他的同伴，在社会上一切无关紧要的共同事务上服从大多数人的意见和行为。

同样，如果一个人的地位会很自然地给他招来对他某些使人不快的怀疑，那么有好的姿态风度就能预防这类事情的发生；这就需要针对使他容易受人嫉妒的地方，仔细研究怎样表示和展现自己的感情。老年人知道自己衰弱无力，很自然害怕年青人对他们轻视，所以受到良好教育的青年格外注意多多向他们的长辈表示关心和敬重；陌生人和外来人缺少保护照料，所以在一切讲礼貌的国家里他们受到最高的礼遇，在各种场合都要首先提到他们；一个人如果身为一家之主，他的客人就以一定方式尊重他的权威，所以他在聚会时就永远是一个最卑微的人，要关照每个人的需要，把一切麻烦事揽在自己身上，以便使客人感到愉快，这样做的时候他不能明显地流露出任何厌烦情绪，或者做得过分使他的客人感到拘束。

---

① 休谟：《1711～1776），英国唯心主义哲学家，历史学家、经济学家。著有《英国史》、《人性论》、《人类理解力研究》。

当有人侵犯你时

［古罗马］马可·奥勒留

当有一个人的无耻行为触犯你时，请直接问自己，这世界上没有无耻的人存在是可能的吗？这是不可能的。那么，请别要求不可能的事吧。因为这个触犯你的人也是那些必然要在这世界上存在的无耻的人中的一个。

当你碰到骗子、背信弃义的人以及一切以某种方式行恶的人时，也使同样的思想在你心中呈现，因为这样你可以马上提醒自己，不存在这种人是不可能的，你将变得对每一个人的态度都更为和善。在这种时候，马上领悟到这一点也是有用的：即想想自然赋予那对立于一切邪恶行为的人以什么德性。因为自然给了人某种别的力量，作为抵制愚蠢的人、疯狂的人以及另一种人的解毒剂。在任何情况下，你都有可能通过劝导迷路的人而纠正他们，因为每个做错事的人都是迷失了他的目标，走上了歧途。

此外，你还有什么地方被损害了呢？因为你将发现在那些触犯你的人中，没一个人做了能使你的心灵变坏的事情，而那些恶的东西和损害只是在心灵里才有其基础。如果没有受过教育的人做出一个无教养的人的行为，有什么值得奇怪呢？考虑一下是否你还不如谴责自己，因为你没有预先就料到这种人会以这种方式犯错误。因为你本来有理智给予的手段去假设他犯这种错误，而你却忘记了使用，还奇怪他所犯的错误。在大多数你谴责一个人是背信弃义或忘恩负义的场合，都可以转而这样责备自己。因为这错误也可以说是你自己的，你可能是相信了一个有这种倾向的人将遵守他的诺言；或者是你在赐予你的善意时并没有绝对地赐予，也不是以那种你将仅仅从你的行为中获得所有利益的方式赐予。当你为某人做出某种服务时还想得到更多的东西吗？你不满足于你做了符合你本性的事情，而还想寻求对它的酬报吗？就像假如眼睛要求给观看以酬报，脚要求给行走以酬报一样吗？因为这些身体的部分是因为某种特殊目的而造就的，通过按照它们的各自结构工作而获得属于它们自己的东西；所以人也先天就是为仁爱行为而创造的，当他做了仁爱的行为或者别的有助于公共利益的行为时，他就是符合他的结构而行动的，他就得到了属于他自己的东西。

自夸自赏是明智者应避免的

［英国］培根

"大家看我扬起了多少灰尘啊!"那只叮在大车轮轴上的苍蝇神气地自我吹嘘说。——《伊索寓言》中的这个故事真妙极了。世上有多少蠢人,正如这只苍蝇一样,为了得到一点虚荣,而把别人的功劳冒认成自己的。

自夸必然会煽起竞争。因为一切自夸都要拿他人作比较。这种人也必然喜好吹嘘,因为只有吹嘘才能满足他的虚荣心。所以好吹嘘者必不能保守机密。这种人正如一句法国谚语所说:"叫得很响,做得很少,在事业上是绝不可信用的。

但是在政治中这类人倒可能有用。当需要制造一种虚假声望的时候,他们是很好的吹鼓手。此外,正如李维曾指出的,政治上有时需要诺言。比如在外交中,对两个君主夸耀同一敌对者的实力,可以促使他们结成联盟。又如有人对两个互不知底细者吹嘘自己能影响对方,结果巧妙地把自己的地位抬高了。在这些事例中,这种人几乎可以说是白手造就了时势,凭借诺言和吹嘘而获得了力量。

对于军人来说,荣誉心是不可缺少的,因而正如钢铁因磨砺而锋利一样,荣誉感可以激发斗志。在冒险的事业中,豪言壮语也可以增加胆力,审慎持重之言反而使人泄气,它们是压舱铁而不是船帆,应当被藏于舱底。甚至严肃的学术事业,如果不插上夸耀的羽毛,名望也将难于飞腾起来。所以,"就连写《蔑视虚荣》之书者,也把自己的名字题在了书皮上"。

古代贤哲如苏格拉底、亚里士多德、盖伦等,也都是有夸耀之心的人。虚荣心乃是人生事业的推动力之一。所以以德行本身为目的者,绝没有以德行为猎名之手段者更能获得荣誉。西塞罗、塞涅卡、小普利尼的事业都多少关连着他们的虚荣心,所以他们的努力持久而不懈。虚荣心有如油漆,它不仅使物体显得华丽而且能保护物体本身。

　　还有人具有一种巧妙的能力，能够使夸耀和虚荣心被掩饰得非常自然，犹如塔西佗所说的莫西——"他如此善于巧妙地显示自己"，以致使人认为这并非出自虚荣，而是出自他的豪爽和明智。

　　其实一切表现恰当的谦虚、礼让、节制，都可以成为更巧妙的求名自炫之术。比如假使你有一种专擅的特长，那么你就不妨极口称许并不如你的其他人的这种长处。对于这种做法，小普利尼说得好："你既是在夸奖别人，又是在夸奖自己。如果他的这种优点不如你，那么既然他值得夸奖。当然你就更值得夸奖了。如果他的这种优点强过你，他不值得夸奖，你就更不值得夸奖了。"结论是：尽管他胜过你，你还是要夸奖他。但说到底，自夸自赏是明智者所应避免的，却是愚蠢者所追求的，又是谄媚者所奉献的。而这些人都是受虚荣心支配的奴隶。

美好的品格自身便是一种幸福

［德国］ 叔本华

人类所有内在的品格中，最能为人带来快乐的莫过如"愉悦健全的精神"；因为美好的品格自身便是一种幸福。愉快而喜悦的人是幸福的，而他之所以如此，只因其个人的本性就是愉快而喜悦的。这种美好的品格可以弥补因其他一切幸福的丧失所产生的缺憾。例如一个人年青、英俊、富有而受人尊敬，你想知道他是否幸福只须问他是不是欢愉？假若他是欢愉的，则看年青、年老，背直、背弯，有钱无钱，这对他的幸福又有什么关系，总而言之，他是幸福的。我曾读过这两句话："如果你常常笑，你就是幸福；如果你常常哭，你就是不幸福的"；这是很简单的几个字，而且几近于老生常谈，也就因为它简单使我一直无法忘记。因此当愉快的心情敲你的心门时，你就该大大地开放你的心门，让愉快与你同在。因为他的到来总是好的。但人们却常踌躇着不愿自己太快活，惟恐乐极生悲，带来灾祸。事实上，"愉快"的本身便是直接的收获——它不是银行里的支票，却是换取幸福的现金；因为它可以使我们立刻获得快乐，是我们人类所能得到的最大幸事，因为就我们的存在对当前来说，我们只不过是，是介于两个永恒之间极短暂一瞬而已。我们追寻幸福的最高目标就是如何保持和促进这种愉快的心情（人生充满着不幸与痛苦，就应尽力保持欢愉的心情）。

人人都应有自知之明

[法国] 蒙 田

人人都应有自知之明，这一训诫实在是太重要了。智慧与光明之神把这一条箴言刻在自己神庙的门楣上，似乎认为此警语已包含他教导我们的全部道理。柏拉图也说："所谓智慧无非是实施这一箴言。"从色诺芬的著作中，可知苏格拉底也曾一步步地证明这一点。无论哪一门学问，惟有入其门径的人才会洞察其中的难点和未知领域，因为要具备一定程度的学识才有可能察觉自己的无知。要去尝试开门才知道我们面前的大门尚未开启。柏拉图的一点精辟见解就是由此而来的：有知的人用不着去求知，因为他们已经是有知者；无知的人更不会去求知，因为要求知，首先得知道自己所求的是什么。

因此，在追求自知之明的方面，大家之所以自信不疑，心满意足，自以为精通于此，那是因为：谁也没有真正弄懂什么。正像在色诺芬的书中，苏格拉底对欧迪德姆指出的那样。

我自己没有什么奢望。我觉得这一箴言包含着无限深奥、无比丰富的哲理。我越学越感到自己还有许多要学的东西，这也正是我的学习成果。我常常感到自己的不足，我生性谦逊的原因就在于此。

阿里斯塔克说："从前全世界仅有七位智者，而当前要找七个自知无知的人也不容易。"今天我们不是比他更有理由这样说吗？自以为是与固执己见是愚蠢的鲜明标志。

我凭自己的切身经验谴责人类的无知。我认为，认识自己的无知是认识世界的最可靠的方法。那些既已看到自己或别人的虚浮的榜样还不愿意承认自己无知的人，就请他们听听苏格拉底的训诫去认识这一点吧。苏格拉底是众师之师。

不必要的负罪感

[英国] 罗 素①

负罪感是一种十分无益的情感，而远远不是美好生活的成因。它使人不幸，造成人的自卑感。正因为不幸福，他似乎就可以向别人提出过分的要求，这样做又妨碍他去享受人际关系中真正的幸福。正因为自卑，他会对那些比自己优越的人表示敌意。他发现羡慕别人是困难的，而嫉妒却是容易的。他将变成一个不受欢迎的人，发现自己越来越孤独。

大方豁达地对待他人，可以使持这种观点的人赢得同他人一样的快乐，这也是使这类人受到普遍的喜爱和欢迎的原因。但是对于那些被负罪感所困扰的人们来说这种态度是可望而不可及的。这种正面态度是人的自信和自我依赖的结果，它需要一种人的心理协调工作，通过这种协调工作，我的意思是说，人性、意识、潜意识、以及无意识等各个层次的心理因素的共同协调发生作用，而不是处于无休止的争斗中。要取得这样一种和谐，在多数情况下可以通过明智的教育来达到，但是在教育本身并不明智的时候，要做到这一点是相当困难的。

---

① 罗素：（1872～1970），英国唯心主义哲学家、数学家、逻辑学家。主要著作《数擘原理》、《哲学问题》、《西方哲学史》。

从禀赋中决定自己的职业

［古罗马］ 西塞罗

　　一个人究竟愿意扮演什么角色取决于他们自己的自由选择。所以，有的人研究哲学，有的人研究民法，还有的人研究雄辩术；而至于美德本身，各人的选择也不尽相同，这个人喜欢突出这种美德，那个人喜欢突出那种美德。

　　其父辈或祖先在某一领域成就卓著的人，往往力求在同一行当中出类拔萃。例如，普布利乌斯·穆丘斯的儿子昆图斯学法，保卢斯的儿子阿非利加努斯从军。他们不但各自继承了父亲的某些卓越才能，而且自己也很有才华；例如，阿非利加努斯不但在军事上功勋卓著，而且还擅长雄辩。科农的儿子提摩图斯也一样：他不但在军事上的声誉不亚于其父亲，而且在文化和智力上还享有盛名。不步父辈的后尘而另外选择自己的事业也是常有的事。而那些虽出身贫寒却志向远大的人，在事业上则往往取得巨大的成功。

　　我们首先应当决定要做什么人和什么样子的人，这一辈子要从事什么职业。这是世界上最难的问题。每一个人都应当恰如其分地估量自己的天赋才能，而且不但要看到自己的长处，还要看到自己的短处；在这方面，我们不应当让演员显得比我们更实事求是，更明智。他们并不是选择最好的剧本，而是选择最适合于发挥他们才能的剧本。

　　因此，我们也应当致力于最适合自己去做、最能发挥自己特长的工作。但是，如果有时环境迫使我们去做某种与自己志趣不合的事情，那么，我们也应当尽心尽力地去做，这样即使做得不算恰当，至少也可以尽量少犯错误；我们不必硬是要达到卓越的程度，

　　“自然”没有赋予我们这种卓越的才能，我们只要能努力改正自己的缺点就可以了。

　　但是通常说来，我们由于耳濡父母的教诲，深受他们的影响，以至于必然会仿效他们的生活方式和习惯。其余的人则随公众意见之大流，选择大多

数人认为最有吸引力的职业。但是另外还有一种人，他们或则由于幸运，或则由于天赋才能，虽没有父母的指引，却走上了正确的人生道路。

这种人最罕见，也最值得颂扬：他们或具有卓越的天赋才能，或受过极好的教育，因而有特异的文化素养，或者两者兼而有之，而且他们也有时间仔细考虑自己究竟更喜欢从事哪种终身职业；经过这种慎重考虑之后所做出的决定肯定完全适合于每个人自己的天赋。因此，正像上面所说的，我们试图从每个人的禀赋中发现他最适合于干什么；我们不仅在确定个别的行为时需要这样做，而且在选择整个人生的道路时也需要这样做；后者必须更加谨慎，以便终身无悔，在履行任何责任时不会犹豫不决。

对择业影响最大的因素是本性，其次是命运，我们在选定自己的终身职业时必须要考虑到这两个因素；不过，在这两者之中，更应重视本性。因为本性比命运要稳固得多，命运与本性发生冲突就像凡人与女神较量。因此，如果一个人已按照自己的那种本性（即他的较好的本性）制定他的整个人生计划，那么就让他始终如一地做下去——因为这就是恰当的本质——除非他后来突然发现自己选错了职业。如果发生这种情况（这种情况是很容易发生的），他就必须改变自己的职业和生活方式。如果环境有利于这种改变，那么做起来比较便当。如果环境不利于这种改变，那么就得一步一步地慢慢来，就像当友谊变得不再令人愉悦或值得保持时，一点一点地疏远比一下子断交更恰当（聪明的人就是这么认为的）一样。而且，一旦我们改变了自己的职业，我们也应当尽可能讲清楚，自己这样做是有充分理由的。

大胆行动可以带来光荣

［意大利］ 马基雅维里

有些罪行因其声势浩大、行为极端，反而变成无罪甚至光荣的了。这样一来，公开偷盗成了聪明能干的代命词，而毫无道理的攻城掠地则被称做征服。

胆大与踌躇在你身上会引发不同的心理反应：踌躇会在你的路上布下重重阻碍，而胆大则为你扫除路障。克服先天的胆怯，训练"胆大妄为"的本事对你来说是绝对必要的。

每个人都有弱点，我们努力的结果常常无法尽善尽美。然而大胆行动却具有神奇的效果，可以隐藏我们的不足。超级骗子都很清楚，谎言越大胆，就越能说服别人，故事编得越是天花乱坠，就越加可信。因为它已转移了人们的注意力，使人忽略了其前后的不连贯性。

在第一次与生人接触时，如果你稍微显现出愿意妥协、让步和撤退的姿态，你就会引出他人体内的毒牙，即使他未必嗜血。因为所有的一切接触都依靠认知，一旦你被看成是愿意采取守势的人，显示出愿意协商而且容易顺从的样子，你就会被别人毫不留情地深埋在软土里。

大胆行动会使你看起来更加伟大、更有权势，尤其是突如其来的行动，更会激起对手极大的恐惧。只要你能以大胆出招威吓住别人，你就能在人际交往中占尽先机——在往后的每一次接触中，人们都得采取守势，胆战心惊地防备你下一次出击。如果行动时你信心不足，就是替自己设下了路障。当问题出现后，你就会开始迷惑，一旦选择了不适宜的解决途径，又会在不经意间制造出更多问题。为了逃离猎人，胆怯的兔子总是更容易慌慌张张地踏入陷阱。

当你踌躇不前时，实际上给他人制造了去思考对策的空隙；你的胆怯更会影响别人，疑虑会从四面八方冒出来。大胆的行为能弥补这样的空隙，出招的迅捷以及行动的强势，将可以逼使他人没有质疑和忧心的余地。记住：在某些事情的行动上，踌躇是致命伤，会让人察觉到你的意图；相反，大胆出击往往会大获成功，所以，绝对不要给对方深思的时间。

大胆使你引人注目，看起来似乎比真实的你更加出色。胆怯的人无声无息，大胆的人则吸引注意，引人注意就能引来别人的尊敬。我们无法将眼睛从行动果敢的人身上移开，我们总是迫不及待地要欣赏他们接下来的大胆出击。绝大多数的人都是胆怯的，他们希望避开紧张与冲突，而且希望受到所有人的喜爱，或许他们会思索大胆的行动，但是很少会付诸实践。

我们可能会伪装自己的胆怯，说这是出于对别人的关怀，不想要伤害或冒犯别人。事实正好相反，这其实是自我陷溺，担心自己以及别人如何看待我们。另一方面，大胆是向外行动，通常会让人们感觉比较自在，因为不会时时意识到自我，也就不那么压抑。

你得了解：如果胆大不是天生的，胆怯也不是，胆怯是后天养成的习惯，之所以会如此是因为渴望避免冲突的心理在作怪。如果胆怯掌握了你，那么将它连根拔除。你对大胆行动后果的恐惧完全不符合现实，事实上胆怯的后果更加严重，不但你的身份因此被贬低了，同时还形成怀疑与灾难的自我循环。记住：因为"胆大妄为"造成的问题，可以用层出不穷而且更为强悍的"胆大妄为"来掩饰，甚至补救，可胆怯造成的危害，是无法用胆怯来弥补的。

知耻不行

［古希腊］ 亚里士多德

由于羞耻是耻辱的一种心理体现，出于羞耻，我们对耻辱本身畏缩不前，而不是害怕其后果。由于形成意见的人的缘故，我们关心人们对我们的看法。因而，我们在其面前感到羞耻的那些人是那些对我们有某种看法，并且其看法对我们至关重要的人。这些人是：赞扬我们的人，我们赞扬的人，我们希望被其赞扬的人，我们与其竞争的人，我们期待对我们有看法的人。我们赞扬的人或想被其赞扬的人，他们具有令人尊敬的品质；或者是我们渴望从他们那里得到人们能够给我们的某种东西——像一个情人感受到的那样。我们与我们地位相等的人竞争。我们确实尊重明智者的见解，诸如我们长辈和受过良好教育的人。如果在许多人眼前公开做不当的事，我们就愈加对其感到羞耻。格言说："羞耻在眼睛里。"因此，我们在总是与我们在一起的人面前，和在注视着我们所作所为的人面前，最感到羞耻，因为这两类人的眼睛盯着我们。

献媚的朋友比尖刻的敌人更坏

[古罗马] 西塞罗

朋友之间是需要劝告的,甚至责备。只要是出自好意,都应当欣然接受。但是,我的朋友特伦斯在其《安德罗斯女子》中所说的好像也有些道理,他说:"顺从易结友,直言遭人恨。"如果直言的结果是招致忌恨,从而破坏友谊,那么,它就会给人们带来麻烦;但实际上顺从给人们带来的麻烦则更大,因为姑息朋友的错误会使朋友无所顾忌地走向毁灭。但是,最该受责备的是那种拒纳直言而最终却为奉承所害的人。

因此,在这一点上自始至终都需要小心谨慎。我们劝告时不应当太尖刻,责备时不应当使用侮辱性的语言。至于顺从尽管对人应当谦恭有礼,但是我们决不应当阿谀奉承,怂恿人去作恶,因为这种行为对于任何人来说都是可耻的,更不必说朋友了。

与暴君相处是一回事,而与朋友相处则是另一回事。但是如果一个人拒纳直言,甚至听不进朋友的忠言,那么我们就可以认为,他是没救了。加图的下面这句话也和他其他许多话一样,说得非常深刻:"献媚的朋友比尖刻的敌人更坏,因为后者常说真话,而前者从不说真话。"此外还有些人受了劝告之后,不恼恨他所应该恼恨的反而非常恼恨他所不应该恼恨的事。他们对自己的过错一点不恼恨,而对朋友的责备却非常恼恨。其实应当相反,他们应当恨自己的过错,并乐于改正自己的错误。

因此,如果提出劝告和接受劝告(前者爽直,但不尖刻;后者耐心,且不恼恨)真的是特别适合于真正的友谊,那么,同样真实的是,对友谊破坏性最大的莫过于阿谀奉承和谄媚。这种人轻佻,不可信任,说话只求取悦于人而全然不顾事实真相。在任何情况下虚伪都是可鄙的,因为它会使我们辨不清真假。而且它对于友谊比对于其他任何东西更加有害,因为它能完全摧毁真诚,而友谊要是没有真诚,也就虚有其名了。因为从本质上说,友谊就

是将两颗心灵融为一体，所以，如果两颗心灵虽然聚集在一起，但不是单纯的和一致的，而是易变的和复杂的，那么，怎么可能产生真正的友谊呢？世上最柔顺、最摇摆不定的莫过于那种人的心灵，他们的态度不仅取决于他人的情感和愿望，而且还取决于他人的脸色和首肯。

别人说"不"，他也说"不"；别人说"是"，他也说"是"。总之别人怎么说，他也怎么说。和这种人做朋友当然是很愚蠢的。像格南托那样的人很多，当他们具有较高的地位，或拥有较多的财产，或享有较大的名声时，由于他们地位上的优势弥补了他们性格上的欠缺，他们的奉承就变得有害了。但是只要我们仔细加以考察，就不难辨别出谁是真正的朋友，谁是阿谀奉承的朋友，这就像区别其他任何东西一样，只要仔细考察，就能辨别出什么是货真价实的珍品，什么是伪造的赝品。民众虽然都是些没有什么文化的人，但他们还是能清楚地看出一个只会蛊惑民心的人（亦即一个奉承者和不可信任的人）与一个作风正派、有名望、稳健持重的人之间的区别。

如果说，在舞台上虽然有许多东西是虚构的或半真半假的，但是只要真实的东西完全被揭示出来，并暴露在光天化日之下，它还是会占优势的；那么，完全依赖于真诚的友谊应当出现什么情况呢？在友谊中，用一句通俗的话来说，你们除非开诚相见，否则任何事情都不能相信——是的，甚至连相互之间的感情都不能相信，因为你们不能确信它是真诚的。但是，这种奉承不管多么有害，它只能伤害到那种喜欢并且接受奉承的人。由此可见，最喜欢听奉承话的人就是第一个奉承自己、最钟爱自己的人。

我承认，美德当然是自爱的，因为她了解自己，知道自己确实非常可爱。但是我现在所谈的不是纯粹的美德，而是人们自以为有美德的信念。事实是，真正有美德的人不多，大部分人都是希望被人认为有美德。这种人最喜欢别人奉承。当别人为了满足他们的虚荣心而有意地奉承他们时，他们则把这种无聊的戏弄看做是自己确实具有某些值得称赞之处的证据。

因此，一方不愿意听真话，而另一方则喜欢说谎话，这根本不是真正的友谊。

滥用才能的痛苦

［法国］卢 梭①

　　我们之所以落得这样可怜和邪恶，正是滥用了我们才能的缘故。我们的悲伤、忧虑和痛苦，都是由我们自己引起的。精神上的痛苦无可争辩地是我们自己造成的，而身体上的痛苦，要不是因为我们的邪恶使我们感到这种痛苦的话，是算不了一回事的。大自然之所以使我们感觉到我们的需要，难道不是为了保持我们的生存吗？身体上的痛苦岂不是机器出了毛病的信号，叫我们更加小心吗？坏人不是在毒害他们自己的生命和我们的生命吗？谁愿意始终是这样生活呢？死亡是解除我们所做的罪恶的良药；大自然不希望我们始终是这样遭受痛苦的。在蒙昧和朴实无知的状态中生活的人，所遇到的痛苦是多么少啊！

---

　　① 卢梭：（1712～1778），法国启蒙思想家、哲学家、教育家、文学家。著有小说《爱弥儿》与自传《忏悔录》。

看人要以本质为标准

[法国] 蒙 田

　　关于人的估价，真是奇怪，除了我们自己，没有什么不是以本质为标准的。我们赞美一匹马是因为它的力量和速度，而不是因为它的鞍具；赞美一条猎狗是因为它的敏捷，而不是因为它的颈圈；赞美一只鹰隼是因为它的翅膀，而不是因为它的足套和风铃。为什么我们不能同样地根据一个人自身的价值而评价他呢？我们时常看到的是，一个人所拥有的一大队扈从、一座美丽的宫殿、这么大的势力、丰厚的收入，一切都是环绕着在他身外的表象之物，而非聚集在他身体里面的本质之物。如果你买一匹马，你把它的鞍具挪开，你要它赤裸裸没有遮掩，或者如果照从前王子买马的办法，它那被遮掩着的只是比较不那么重要的部分，以免耗费你的钦羡在它美丽的色泽和壮健的臀部上，而全神专注它的腿、眼和脚这些最有用的部分上。正如贺拉司所说："这是王子们的习惯：他们不买赤裸裸的马，为了是怕受它的臀、短头和阔胸所欺骗，忘记了它还有着蹒跚和柔软的蹄。"

　　为什么我们在估量一个人的时候，而是完全被蒙蔽着的呢？他只对我们显露那些完全不属于他的部分，把那些我们借以给他一个真确的评价的部分藏起来；你所想知道的是剑的价值，而不是剑鞘的价值；如果你把他脱光，也许你会觉得他一文不值。你得根据他本身的价值来评判他，而不是根据他的衣饰。正如一个古人很诙谐地说："你知道你为什么认为他长得很高吗？因为你连他的木屐也算在内。"台座并非雕像。测量一个人的身高不应连他的高跷也算在内；如果撇开他的财富和尊荣，只穿着衬衣出来，他自身的能力能胜任他的职务吗？他有一个怎样的灵魂？他是美丽、能干，而且很恰当地具有各种美德的吗？他是富于自己的，还是别人的产业呢？命运和他有无关系呢？他是否对生命有更多的了解？他是否宁静、平和及快乐？这才是我们应当考虑的，并且借以作为我们评价一个人的真正标准。他是否像贺拉司笔下的"那位随时可以自主的哲士——不怕贫困、锤练和死亡？能否不希冀外来的尊贵，抑制自己的热情与欲望？完全自我集中，毫无惧心地去面向生命的转变顺逆——岂止，带着坚定的灵魂去抵抗命运最凶恶的打击？"这样的人高出于王国上百倍，他自己就是一个帝国了。

真正的哲士是自己幸福的主人。他还企求什么呢？"你岂不看见，就是大自然又惶惶何所求？如其不是一个苦难的身和一颗超脱了烦忧的灵魂？"（鲁克烈斯）试把他与我们这些愚蠢、堕落、奴性、无恒、不断地在各种不同的热情的风浪中沉浮和飘荡，并且完全倚靠别人的人相比，其间的距离真是天壤之别；但是我们受习惯蒙蔽得那么厉害，以致我们毫未感觉到；而一看见一个农夫和一个国王，一个贵族和一个奴隶，一个行政官和一个老百姓，一个富翁和一个穷人，一种显然的差异便立刻出现于我们眼帘，虽然他们的不同，照某种说法，只是在裤子上而已。

那些演喜剧的演员，你看见他们在舞台上扮成公爵或皇帝的样子，并非是他们本来的样子；霎时后，你又看见他们变成可怜的奴仆和脚夫了。同样，一位皇帝在公共场所的辉煌形象使你头晕目眩，也并非真的如此。试在帷幕后看他，也不过是个平常人而已，而且，说不定比他最微末的百姓还要卑微。圣贤们的幸福在自己里面；而愚钝人的幸福却只在表面。

使灵魂卓越并且漠视尘世沉浮的品质

[古罗马] 西塞罗

勇敢而伟大的灵魂首先具有两种特性：一种是漠视外界的环境；因为这种人相信，只有道德上的善和正当的行为才值得钦佩、企求或为之奋斗，他不应该屈从于任何人、任何激情或任何命运的突变。第二种特性是：当灵魂经受过上面所提到的那种锻炼之后，一个人不仅应当做伟大的、最有用的事情，而且应当做得极其努力和勤奋，甚至甘冒丧失生命和许多使生活过得有意思的物品的危险。

勇敢的这两种特性的一切荣光与伟大，而且我可以补充说，还有它们的一切有用性，都集中于后者；使得人们伟大的原因则集中于前者。因为前者含有使灵魂卓越并且漠视尘世沉浮的因素。判别这种品质有两个标准：第一，是否把道德上的正直看做是唯一的善；第二，是否摆脱一切激情。因为如果一个人具有勇敢和英雄的灵魂，那么他就会对大多数人认为是重大和光荣的事情不屑一顾，而且还会从一些固定不变的原则出发鄙视这些事情。人生中会遇到许多形形色色的似乎很痛苦的事情，要想承受住这些苦难，就需要有坚强的性格和伟大的志向，这样才能够面对苦难毫不畏缩，绝不动摇，像哲人那样雍容自然。此外，如果说一个人不被恐惧征服却被欲望征服，或一个人不辞劳苦却耽于享乐，这是自相矛盾的。因此，我们不仅应当避免后者，而且还应当谨防对于财富的野心，因为没有什么比"爱财"更能现出灵魂的狭小和鄙俗的人。一个人没有钱，却能漠视钱财，或者有钱，却能乐善好施，那是最可敬、最可贵的。

我们还应当谨防对于荣誉的野心，因为这会剥夺我们的自由，灵魂高尚的人应当不顾一切地去维持自由。一个人也不应当追求军权，而且相反，有时应当谢绝，有时应当辞职。

　　另外，我们必须使自己不受一切情绪的干扰，不仅不应当有欲望和恐惧，而且还不应当过分地悲痛和欢乐，不应当发怒，这样我们就可以享受心灵的宁静和那种无忧无虑的自在，它们既能导致道德上的稳定，又能导致品格上的端方。

嫉妒——愚人的痛苦

［古希腊］ 苏格拉底

嫉妒是一种苦痛，这种苦痛并不是因朋友的不幸而感到苦痛，也不是由于敌人的成功而产生的苦痛；而是因朋友的成功而产生的一种苦痛，只有这些人才是好嫉妒的人。

任何人对于自己所爱的人成功都会多多少少感到苦痛，许多人对别人都抱这样一种心情：当别人遭遇不幸的时候，他们是不能不加闻问的，而总是竭尽全力去解救他们的不幸，然而对于别人的成功他们却感到不安。聪明的人虽然不会发生这种事情，但对愚人来说，这种情况是经常有的现象。

健全的头脑是不能购买的

[古罗马] 塞涅卡

你要想取得成功，就必须除了睡眠之外，倾注你的全部时间和全部精力，亲自去执行可以使你获得成功的事情。这是不能委托别人代办的。有暇戏耍的人是永远不会成就霸业的。

我曾结识一个名叫卡尔维修斯·萨宾那斯的富人，他有自由人的头脑，同时还有自由人的命运。我从来没有见过一个有成就的人比他更为粗俗。他的记忆力如此之坏，以致有时连尤利西斯、阿喀琉斯或普里阿姆斯的名字都记不起来，而这些人我们就像记得我们的启蒙老师一样永远铭记在心的。从来没有哪个步履蹒跚的老人在能报客人到来时会那样举止失态，毫无礼貌——甚至不叫别人的名字而随便给客人加个外号——像萨宾那斯对待希腊和特洛伊的英雄们一样。但这并未阻止他想作为一个博学的人而出现于众人之中。为此他想出这样一条捷径：花一大笔钱在奴隶身上，让其中的一个记住荷马史诗，另一个记住赫西奥德的诗，又让其他人把九位抒情诗人的诗各记一首。那巨大的花费几乎没有引起人们惊讶：由于市场上未能找到他所要的东西，他就定做了。这项收集奴隶的工作完成之后，他就给宴请的客人们演了一出恶作剧。

他让那些奴隶侍候在他左右，以便随时要他们背诵那些诗人的诗句，他再向客人们复述一遍，在吐某个字的时候中途停顿下来——这是时常有的。塞特留斯·阔特图斯，即那个把愚蠢的百万富翁们当做合法的敲诈对象和谄媚奉承的对象，同时也是拿他们的钱来取笑他们自己的人，建议他豢着一批学者来"拾零"。当萨宾那斯向众人宣布每个奴隶使他花了 10 万赛特斯（货币的一种计算单位）时，他说："是的，你本来可以不花这么多钱就可以买到同样多的书架。"然而萨宾那斯确信，家里每个人都知道的事情他本人也是知道的。又是那个塞特留斯开始极力劝说萨宾那斯，要他这个面色苍白、皮包骨头的人来学习角力。萨宾那斯反驳道："我怎么来得了角力呢？我能做的就只是活下去。"塞特留斯回答道："请不要说这个了，看你有多少身强力壮的奴隶！"

一个健全的头脑是既不能买到，也不能借到的。如果这也出售，我怀疑能够找到买主。但不健全的头脑却每天都在被人购买着。

狡猾并非真正的机智

［英国］ 培根

狡猾是一种邪恶的聪明，但狡猾与机智虽然有所貌似，却又很不相同——不仅是在品格方面，而且是在作用方面。例如有人赢牌靠的是在配牌时捣鬼，但牌技终归不高。还有人虽然很善于呼朋引类结党钻营，可是真做起事来却身无一技。

要知道，人情练达与理解人性并不完全是一回事。有许多很世故很会揣摩人的脾气性格的人，并不是真正有学问的人。这种人所擅长的是阴谋而不是研究。他们可以摸透几种人的脾性，但一遇到新类型的人，老一套就会吃不开。所以古人鉴别人才的那种方法——让他们到生人面前基试试身手，对他们是不合适的。

其实狡猾的人正像那种只会做小买卖的杂货贩，我们不妨在这里抖一下他们的家底。

有一种狡猾的人专门在谈话时察颜观色。因为世上许多诚实的人，都有一颗深情的心和无掩饰的脸。但这种人一面窥视你，一面却假装恭顺地瞧着地面，许多"耶稣会员"就是这样干的。

有一种狡猾术是，把真正要达到的目的掩盖在东拉西扯的闲谈中。例如一名官员，当他想促使女王签署某笔账单时，每一次都先谈一些其他的事务，以转移女王的注意力，结果女王往往不留意正要她签字的那个账单而爽快地签了字。

还有一种方法是在对方毫无思想准备的情势下，突然提出一项建议，让他来不及思考就做出仓促的答复。

当一个人试图阻挠一件可能被别人提出的好事时，最好的办法就是首先由自己把它提出来，但提出来的方式又恰好引起人们的反感，因而使之得不到通过。

装做正想说出一句话突然中止，仿佛制止自己去说似的。这正是刺激别人加倍地想知道你要说的东西的妙法。

如果你能使人感到一件事是他从你这里追问出来，而并非你乐意告诉他的，这件事往往更能使他相信。例如，你可以先露出满面愁容，引人询问原因何在。波斯国的大臣尼亚米斯就曾对他的君王采取这种办法。有一次他耸人听闻地对他的国王说："我过去在陛下面前从没有过愁容。可是现在……"对令人不愉快或难以启齿的事，可以先找一个中间人把话风放出去，然后由你从旁证实。当罗马大臣纳西里斯向皇帝转告他的皇后与诗人西里斯通奸这件事时就是这么办的。

如果你不想对一种说法负责任的话，你就不妨借用别人的名义，例如说"听人家说……"或"据别人说……"等等。

我知道一位先生，他总是把最想托别人办的事情写在信的附言里，使用"顺便提及"这一种格式，好像这只是偶然想起的小事似的。就像另一位先生，他在演说时总是把真正想说的事情放在最后说，好像这只是忽然想起一件差点忘了的事情似的。

还有一位先生，他故意在人前把正想给人看的信件，故作惊惶地假装藏起来，仿佛正在做一件怕给那人知道的事情。这一切的目的恰恰是引起那人的疑心和发问，这样就可以把正想使对方知道的东西告诉那人了。

还有一种诱人上当的狡猾。有一位先生暗地里想与另一位先生竞争部长的位置。于是他对那先生说："在当今这个王权衰落的时代当部长是件没意思的事。"那位正可能被任命为部长的先生天真地同意了这种看法，并且也对别人如此说。结果先说的那位先生便抓住这句话禀报女王，女王大为不悦，果然就不任用他了。

还有一种俗称做"翻烧饼"的狡猾，就是把你对别人讲的话，说成是别人对你所讲的。反正两人之间没有第三者对证，老天才知道，真相究竟是怎样的。

还有一种影射的狡术，比如对着某人面故意暗示对别人说"我不会干某种事的"，言外之意那个人却这样干。罗马人提林纳在皇帝面前影射巴罗斯将军，就采用这个办法。

有的人搜集了许多奇闻轶事。当他要向你暗示一种东西时，便讲给你一个有趣的故事。这种方法既保护了自己，又可以借人之口去传播你的话。

有人故意在谈话中设问，然后暗示对方做出他所期待的回答。这种狡术，使人会把一个被他人授意的想法，还认为是自己想出来的。

猛然提出一个突然的、大胆的、出其不意的问题，常能使被问者大吃一惊，从而坦露其心中的机密。这就好像一个改名换姓的人，在没想到的情况下突然被人呼叫真名，必然会出于本能地有所反应一样。

总而言之，狡猾的处世方法是形形色色的。所以把它们都抖一下是必要的，以免老实人不明其术而上当。狡猾的小聪明并非真正的明智。他们虽能登堂却不能入室，虽能取巧并无大智。靠这些小术要得逞于世，最终还是行不通的。因为正如所罗门说："愚者玩小聪明，智者深思熟虑。"

绝不可使不自制成为自然

[古希腊] 亚里士多德

放纵者从不后悔，坚持自己的选择，而不自制者则总是后悔的。放纵者是不可救药的，不自制的人则可以纠正。罪过有似于水肿和痨病，它的症状是持续不断的；不自制则有似癫痫病，只是间或发作。整体说来，不自制和邪恶是两种不同的事情，邪恶往往是隐蔽的，不自制则明摆在那里。

在诸多的不自制者中，那些冲动型的，比那些有理性、说道理但不能恪守的人要好些，因为这种人只要有一点触动就会屈服，而且和后者相比，总能易于医治。不能自制的人，像个酒徒，只要一点点，即少于大多数人用量的酒也要醉倒。不自制显然并不是邪恶（在一定意义上也可以说是），因为不自制与选择相违背，邪恶则与选择相符合，然而，在实践上两者却相类似，正如德谟多克斯所说的米利都人那样："米利都人并不笨，但做事却像笨人一般。"不自制的人并非不公正，却做着不公正的事情。

有的人不能自制，但并不为自己追求过度的、违反正确原理的肉体快乐找理由，有的人则为这种追求寻找各种各样的理由。前一种人容易被劝告而改变，后一种人则不容易被改变。

一个明智的人不可能同时也是个不自制的人。因为明智在伦理方面同时一定是优良的。明智不仅是在认知方面，而且是在实践方面。而不自制正是实践上的缺点（聪明与不自制并非不能相容，有一些人看起来挺聪明，可就是不能自制，正如在开始时所说的，某些方式上聪明和自制有所区别，两者在理性上虽然相近，但在选择上却完全不同）。不自制的人虽然能够进行思辨、观察，但不是一个明智的人，而是如一个酒醉的和睡着的人。一个人即使自愿地做错事（因为在一定意义上，他明明知道自己在做什么，为什么做），但仍不能算是个坏人。因为他的选择是好的，只能算半个坏人。他不是不公正的，他不暗算他人。这种人只是不能坚持所考察计议的结果，而那种冲动型的人则完全不作考虑。不自制的人好比一座城邦，它订立了完整和良好的法规，但不能执行。正如阿那克萨德利所嘲笑的那样："一个不关心法律的城邦，凡事只能勉勉强强。"一个恶人倒像一座守法的城邦，不过它的法律是坏的。

　　较之大多数品质，不自制和自制是过度。与绝大多数人的能力相比，自制是坚持得过多，不自制是不足。和那些经过思考而就是不能坚持的人相反，那种冲动型的不自制的人更容易医治。由习惯养成的不自制比本性的不自制更容易医治。不过，一旦习惯成自然，那么也就难以医治了。正如优乃诺斯所说："朋友，请听我言，如若任习惯长期拖延，它最后就会成为人的自然。"

实施仁慈和慷慨也需谨慎

[古罗马] 西塞罗

实施仁慈和慷慨需要小心谨慎。我们应当注意，我们的善行既不可对我们的施惠对象、也不可对其他人带来伤害；更不能超越自己的财力；还必须与受惠者本身值得施惠的程度相称，因为这是公正的基础，而公正是衡量一切善行的标准。有些人将一种有害的恩惠施予某个他们似乎想要去帮助的人，他们不能算是慷慨的施主，而是危险的谄媚者。同样地，有些人为了向某个人表示慷慨而伤害另一个人，这种施恩也是不公正的，这种不公正犹如将邻人的财产据为己有。

现在，有许多人（尤其是那些渴望得到高位和荣誉的人）常常是，为了使一些人富裕而对另一些人进行掠夺；假如他们不管用什么手段，帮助朋友富了起来，那么他希望被人们认为对朋友很慷慨。但是，这种行为与道德责任相去甚远，以至世界上没有什么比这种行为更违背责任的了。因此，我们应当注意，在慷慨行善时，我们只能帮助朋友，而不能伤害其他任何人。就因为这个原因，卢西乌斯·苏拉和盖乌斯·凯撒将合法所有人的财产送给陌生人，不应当视为慷慨。因为一件事情，若不同时是公正的，就不可能是慷慨的。

我们需要注意的第二点是，行善不应当超越自己的财力。那些不自量力的慷慨解囊者犯了两个错误：第一，侵犯了其直系亲属的权益，因为他们把本该由其亲属享用或继承的财产送给了陌生人。第二，这种过分的慷慨常常产生一种掠夺或非法占有财富的热望，以便为赠送厚礼提供钱财。许多人实施仁慈和表示慷慨只是想炫示自己的崇高，而不是出自内心的仁慈；这种人并不是真正的慷慨，而是在某种野心的驱使下假装慷慨。这种故意装出来的姿态更接近于伪善而不是慷慨或道德上的善。

最后，在行善中我们应当根据各个施惠对象本身值得施惠的程度而区别对待；我们应当考虑到他的道德品质、他对我们的态度、他与我们关系的密切程度、我们共同的社会纽带，以及他曾对我们有过什么帮助。当然最好是，以上所说的这些条件，一个人全都具备；如果一个不能全都具备，那么我们就应当对那些具备条件较多或较重要者相应地施予较多的恩惠。

生活中我们所接触到的人并不是十全十美、大智大贤的，如能在他们身上找到某些类似于美德的东西，那他们就算是做得很不错了。因此我认为，大家肯定会赞成这样一种观点：如果一个人表现出些许美德，我们就不应该完全漠视他；而一个人越是具有这些比较高尚的美德（谦虚、自制、以及我已经反复解说过的那种公正），就越是值得称赞。我没有提到刚毅，因为一个人如果没有达到十全十美、大智大贤的境界，那么一般说来，其勇敢精神往往是非常鲁莽的；看来更详细地表征好人的是其他那些美德。

高贵有赖于才智

［波斯］ 昂苏尔·玛阿里

　　毫无才智可言的蠢人，不论何时都是个废物。这就像满身是棘刺的树木，徒有树干，却无枝叶。于自己无利，于他人无益。那些名门望族即使缺才少智，但是靠着显贵的地位，仍能博得人们的尊敬。最糟糕的是那种既无高位，又无本事的人。最理想的是：不仅出身高贵，而且识广学深。因为聪明才智优于好的出身。正如智者所云："应去追求真才实学，不要过于看重出身的贵贱。"也就是说：一个人的伟大与否，主要看他才学的深浅，而不在于是否贵胄。一个人不要依恃父母所争得的荣誉，以此得意洋洋、到处招摇。应当靠着自己的本领，赢得自己的声名，继承加法尔、兹雅德、阿姆鲁、奥斯曼和阿里的光荣。

　　假如你学识渊博、聪明睿智，并且是个出身贵族的学者、哲人，必然会受到人们的景仰。如果你发现谁具有贵胄和学者这双重特点，就应主动与他交往，而不管他受到多少人的崇拜。

　　哲学家苏格拉底说："有智慧胜过有钱财，品行坏的人也比仇敌强；伟大与否在于知识多寡，而非地位高低；爱虚荣不如知羞耻。"

　　要抓紧一切机会进行学习，不管什么时候，也不管处于什么情况，为了求得知识，不要放过一分一秒。如果知识还不够完备，那就不仅要向智者学习，还要向蠢人学习。之所以有向蠢人学习的必要，是由于当你用心灵的眼睛看到他们的无知，并经过聪慧的思考后，就能了解到他们的愚拙浅陋之所在，便可反其道而行之。这正如亚历山大所说的富有哲理的话语："我不仅能从朋友那里得到劝诫，而且敌人也能给我以训导。有时我做了错事，朋友们出于爱意，有意将它遮掩，致使我不以为然。然而敌人却会出于敌意而到处张扬，于是我便认识了我的错误所在，而将它改正与避免。所以说我不仅能从朋友那里，而且也能从敌人那里学到东西。"对于知识也是这样，不仅向智者，也应向蠢人学习。

不论是大人物，还是小人物，都要努力学习文化知识，并走在其他人的前面。因为当你掌握了其他人未了解的知识，并能遥遥领先时，人们自然就会认为你才学过人，而对你刮目相看。

聪明的人看到自己吸收知识的能力强于别人时，会加倍努力，而使自己学识渊博，于是本领也就会比别人更大。学深识广能够使你成为同侪中的佼佼者。庸人永远不会把钻研学问引为乐事。所以应当提倡勤学苦练，而对惰学者以强迫是十分必要的。正像人们所说的："惰学者必然身体懒散。"而身体懒散者，并不愿听逆耳忠言，使自己振作起来，增强能力。懒惰的人喜好闲适安逸，而不愿服从他人。他们好逸恶劳，没有明确的目标，懒于主动地去做任何事情。因此你应当强迫自己克服惰性，善听规劝，否则你只能成为不学无术的人。

假如你不以坚强的意志刻苦钻研，你是掌握不了两个世界的知识的。而一个人的至美至善则要包括：学识丰富、品德高尚、谦逊慎行、纯真正直、清心寡欲、温文尔雅、忍耐若愚、知耻知羞。

关于羞耻，有句话曰："有信念者才知羞耻。"尽管如此，在许多场合，羞耻是对一个人的严重考验。假如羞涩使自己难于进行一些重要工作，则要消除羞怯。但在某些场合，无耻成为达到某种目的的手段，则会有损于自己的形象。应当羞于恶语谩骂、吝啬苛刻、不守贞操、无稽妄谈等，而不背离美的言行。然而许多人为了自己卑鄙的目的，竟全然不顾何为羞耻。正像知羞源于信念一样，纯洁产生于知羞。应当了解：知羞与无耻，虽只有咫尺之差，但却泾渭分明。可以说：知羞是善的前奏，无耻是恶的开端。

切勿把白痴视为正常的人，把恃才傲物的"智人"看做学者，把愚昧无知的隐士当成高僧。不要同蠢人交谈，特别不要理睬那些自以为博学多才的傻瓜。

不要自作聪明，而应多请教才高学深的人。若同他们多交往，你定能受益匪浅。这正像芸苔籽油，当用玫瑰和紫罗兰花儿熏制后便有了芳香一样。你同博学者在一起，也会受到他们的熏陶。

对于他人的善举要能感恩。千万不要忘恩负义。对向你求助的人，切不要污辱。因为"求助"已使他痛苦负疚。你应培养美德，举止文雅，而不要沾染恶习。你万万不要缺德少才，恶待他人。害人往往以害己告终，使得自己寡助无告。寡助者因其卑鄙也。

你也当努力赢得人们的赞扬，而要避免受到愚恶叹赏。因为平庸的褒赏，正是对杰出的贬抑。

回头无路，只有一直向前

［西班牙］ 葛拉西安

人是具有理性的动物。可是有些人时常使理性奴从于自己的兽欲，这可真是最大的悲哀啊！由于这种人性的扭曲，从而生出了所有畸怪的人，一切亦从此颠倒。美德遍遭迫害，恶行饱尝掌声；真理寒噤，欺伪多舌；穷人智慧的见解被视为蠢行，有权有势的人的蠢行却被称为智慧。正直受欺，人智昏乱，左右不辨，霸道横行，本末倒置，践踏美德，应进反退。

如果人生可以回头，有多少人将会回头啊！我们攀爬生命之梯，举足之处，日子一天天地消失，回头无路，只有一直向前。

不应把财富当做寻欢作乐的许可证

［德国］ 叔本华

人若有一笔足以自给的财富，便应该把这笔财富当做抵御他可能遭遇到祸患和不幸的保障；而不应把这笔财富当做在世上寻欢作乐的许可证，或以为钱财本当如此花用。

凡是白手起家的人们，常以为引他们致富的才能方是他们的本钱，而他们所赚的钱却只相当于利润，于是他们尽数地花用所赚的钱，却不晓得存一部分起来作为固定的资本。这一类人大半会再次陷于穷困中：他们的收入或是减少，或停止，这又是起因于他们才能的耗竭，或者是时境的迁变使他们的才能变得没有价值。然而一般赖手艺为生的人却无妨任意花用他们所得，因为手艺是一种不易消失的技能，即使某人的手艺失去了，他的同事也可以弥补他，再说这类劳力的工作也是经常为社会所需求的。所以古谚说："一种有用的行当就好比一座金矿。"但是对艺术家和其他任何专家来说情形又是不同，这也是为什么后二者的收入比手艺工人好得多的原因。这些收入好的人本该存起一部分收入来当做资本，可是他们却毫无顾忌地把收入当做利润来尽数花用，以致日后终于覆灭。另一方面，继承遗产的人起码能分清资本和利润，并且尽力保全他的资本，不轻易动用，若可能他们至少应储存起 1/8 的利息来应付未来临时事故，所以他们之中大部分人能保持其位而不坠。

那些切身了解、体验过困乏和贫穷滋味的人有了钱之后便不再怕困苦，因此他们也比那些家境富裕、仅自传闻里听到穷苦的人更容易流于挥霍的习惯。生长于良好环境里的人通常比凭运气致富的暴发户更为节省和小心盘算未来。这样看来真正的贫穷似乎并没有传闻中的那么可怕。可是，真正的原因却是在于那些出身良好的人把财富看成和空气一样重要，没有了财富他就不知如何生活；于是他像保护自己生命般保护他的财富；他因此也喜爱规律、谨慎和节俭。可是从小习于贫穷的人，过惯了穷人的生活，一旦致富，他也

把财富视为过眼烟云，如尘土一样不重要，把它当做可以随意拿来享受和浪费的多余品，因为他随时可以过以前的那种苦日子，还可以少一份因钱所带来的焦虑。莎士比亚在《亨利四世》一剧中说道："乞丐可悠哉悠哉地过一生，这话真是不错！"

　　然而我们应该说，生于穷苦的人有着坚定而丰富的信心，人们相信命运，也相信天无绝人之路——相信头脑，也依赖心灵；所以与富人不同，他们不把贫穷的阴影视成无底的黑暗，却相信，一旦再摔到地下还可以再爬起来。在人性中的此点特征说明了为什么婚前穷苦的妻子较常有丰厚的嫁妆的太太更爱花费和有更多的要求。那些富有的女子不仅带着财富来，同时也带着比穷家女子更渴切地保存这些财富的本能。假使有人怀疑我的这段话，而且以为事实恰恰相反的话，他可以发现亚理奥斯图在第一首讽刺诗中有与他相似的观点。可是，另一方面，姜生博士的一段话却恰好印证了我的观点，他说："出身富裕的妇女，早已习惯支配金钱，所以知道谨慎花钱；但是一个因为结婚而首次获得金钱支配权的女子，会非常喜欢花钱，以至于十分浪费而奢侈。"总之，让我在此劝告娶了贫家女子的人们，不要把本钱留给她花用，只交给她利息就够了，而且要千万小心，别让她掌管子女的瞻养费用。

真实致美

[法国] 拉罗什福科①

某一事件的真实，不会在同另一事件的真实所做的比较中被抹杀，两件事情不管有多么不同，此一事件的真实丝毫也抹杀不了彼一事件的真实！真实之间，可能有大小之别，明显与不明显之分，但就其真实性而言，它们始终是平等的，大事件的真实不比小事件的真实更具有真实性。战争的艺术比起诗歌的艺术来，是更加广博、更加高贵、更加辉煌的，但诗人和征服者之间是有可比性的。同样道理，当立法官和画家都表现出他们本来面目的时候，他们也是可比的，其他的人和事也都如此。

本质相同的两个人可能不相同，甚至相对立，如西皮翁和安尼巴莱，法比乌斯·马克西莫斯和马赛勒斯；然而，他们真实资质，能独立存在，并未因相互比较而遭抹杀。亚历山大和凯撒赠送整个王国，寡妇赠送一枚小铜币：礼物之不同，虽其价值不等，但他们每个人的慷慨却都是真实的、相等的，都付出了同他们身份相称的东西。

一个人可能在多方面都真实，而另外一个人可能在某一方面真实：那多方面真实的人有更大的价值，他在另外一个人默默无闻的地方显得格外光芒四射；但在另一处两人都是真实的地方，他们就显得出类拔萃了。伊巴密浓达是一位伟大统帅、优秀公民和伟大的哲学家，他比维吉尔更受重视，因为他比维吉尔有更多真实；但作为伟大统帅的伊巴密浓达，一点也不比作为杰出诗人的维吉尔更为出色，因为在诗的领域，前者一点也不比后者更真实。一个孩子因为挖掉一只乌鸦的双眼而被执政官处死了，那个孩子并不比杀掉自己儿子的菲利普二世更残忍，那孩子的残忍可能还没有掺杂什么别的恶念；

① 拉罗什福科：（1613～1680），法国著名的思想家、格言道德作家。他因一本虽薄犹厚的《道德箴言录》，被《大不列颠百科全书》称做是"以一本书立身的人"。

但对一只小动物如此残忍，就使这个孩子和最凶残的国王一样了，因为他们不同程度的残忍具有相同的真实性。

两座各自有其恰到好处之美的建筑之间，不管显得如何不协调，彼此也不会因对方的存在而黯然失色，因此尚蒂伊堡虽然美不胜收，也不能使里安库宫失色，而里安库宫也不能把尚蒂伊堡比下去。这是因为，尚蒂伊堡的美与亲王的尊贵地位相称，而里安库宫的美则与一个平民的身份符合，它们各自都有自身真实的美。有些女人美得不合一般的美丽标准，但光彩照人，常常压倒一些真正的美人，但由于判断美丽与否的审美情趣易于相互影响，也由于美丽女人的美又不都总是相同的，即使出现不怎么美的人压倒了其他人的情况，也将是暂时的。光线和时辰的不同，影响对线条和色彩美的辨认，使得不美的人显得很美，而其他身上的真实和致美也将因此显现不出来。

命运施惠之时，正是抵制命运打击之时

[古罗马] 塞涅卡

我想决定考验你的道德决断力，那就是建议你实行下面这条从伟人的教诲中发现的指示：隔一段时间就过上几天只吃最普通的食物（而且要吃得很少）、只穿粗布衣裳的生活，然后问问自己："人们通常害怕的就是这个吗?"正是在最安全的时候，精神最应该准备过困难的日子；命运施惠于精神的时候，那正是精神加强力量抗拒命运打击的时候。士兵在和平时期里进行演习，赶建土垒来防御假想的敌人，以不必要的辛苦使自己劳累不堪，就是为了当辛苦是必要的时候更能应付自如。你要想使某人面临危机而仍然镇定自若，就必须在危机到来之前对他有所训练。有一些人每个月都要试着过一段穷苦的生活，目的也就是要在当他们遇到那种情况真的到来之时不会感到恐惧。

你务必不要以为我指的是像泰蒙吃的或"贫民窟"里的那种食物，或任何其他奢侈的富豪为了生活消除烦恼、得到娱乐而借助的那一切。你使用的草荐一定要是真正的草荐，你穿的衬衫也要是草荐做的，吃的粮食则要是难以下口并且极其肮脏的。忍受这一切吧。每次演习三四天，有时也可更长一点时间。这才是真正的考验，而不是娱乐。这样考验过后。请相信我，你即使得到一个便士也一定会心满意足，欣喜若狂，并且领悟到，无忧无虑的安全之感并不依赖于命运——因为即使命运生气了，她也总会让我们有足以满足最低需要的一切的。

我要提醒你注意，你没有理由认为你在这样做的时候是在完成一种了不起的业绩——你仅仅是在做千百万奴隶和穷人们做的事情罢了。要把功劳归功于一点，那就是你做的是你自己自由选择的事——并且还要认为长期的忍耐并不就比一次短暂的体验困难。我们要用模拟的目标做练习，逐渐地习惯于贫困，以免当命运把贫困降临我们之时，却毫无准备。当我们领悟到，做个穷人绝非是痛苦，那么做富人的时候就会感到轻松些。伟大的享乐主义宗师伊璧鸠鲁曾经常对他有意忍饥挨饿的时期加以研究，旨在发现人们究竟饥饿到怎样的程度便得不到完全的快乐，以及是否值得费很大力气去补偿由此失去的快乐。你以为他吃的那种食物仅仅只是让人填满肚子吗？不，它也使人充满快乐的，而且并非不实在的，转瞬即逝需要不断更新快乐，而是实在的、持久的快乐。大麦粥或大麦面包皮和水，诚然做不出让人叫好的食品来，但没有哪种东西能够比获得幸福的能力，甚至从吃这种食物中也能获得快乐的那种能力，更能给人以快乐——还有什么能够比感受到自己获得命运的任何不公正的打击都不能夺走的东西更使人快乐的呢？监狱的饮食定量都要比这更为慷慨，坐牢的人并不比刽子手们吃得少。因此，完全出于自愿而把自己的食量减少到甚至定了死刑的人也无需真正为之忧虑的程度，才是真正的具有崇高精神的伟大之举。

这样做确实是预先发制命运的打击。所以，我亲爱的朋友们，开始追随这些人的实践，并且规定在一些日子里放弃一切享乐，满足于近乎没有的那一点东西吧，开始培养起同贫困的亲密关系吧。亲爱的朋友，勇敢些，不要去注意富人，这样就会使你像他一样，也与神灵相宜。因为只有对财富不屑一顾的人才配得到神灵的承认和光顾。

我还要提醒你，我并非反对你占有财富，而是要你保证做到毫不激动地占有财富。你要做到这一点，唯一的办法是相信即使没有财富也能够生活得幸福，并且时刻把财富看做是即将消失的东西。

给予意味着自己的富有

［美国］ 弗洛姆

在物质方面，给予意味着自己的富有。不是一个人有很多他才算富有，而是他给予人很多才算富有。生怕丧失什么东西的贮藏者，如果撇开他的物质财富多少不谈，从心理学角度来说，他是个贫穷而崩溃的人。不管是谁，只要他能慷慨地给予，他就是个富有的人。他把自己的一切给予别人，从而体验到自己生活的意义和乐趣。只有那种连最低生活需要也满足不了的人才不能从给予的行动中得到乐趣。然而，日常经验表明：一个人所认为的最低需要，取决于他的性格特征，就像他所考虑的最低需要取决于他的实际财产一样，众所周知，穷人要比富人乐于给予。但是贫穷得超过某种限度的人是不可能给予的。同时，要求贫穷者给予是卑劣的。这不仅是因为贫困而给予会直接给贫困者带来痛苦，而且是因为它会使贫困者丧失了给予的乐趣。

然而，给予最重要的意义并不在于物质方面，而尤其在于人性方面。一个人能给予另一个人什么东西呢？他把自己的一切给予别人，把自己已有的最珍贵的东西给予别人，把自己的生命给予别人。这不一定意味着他为别人牺牲自己的生命，指的是他把自己身上存在的东西给予别人，把自己的快乐、兴趣、同情心、谅解、知识、幽默、忧愁——把自己身上存在所有东西的表情和表现给予别人。在他把自己的生命给予别人的时候，他也增加了别人的生命价值，丰富了别人的生活。通过提高自己的生存感，他会提高别人的生存感。他不是为了接纳才给予。给予本身就是一种强烈的快乐。在给予中，他不知不觉地使别人身上的某些东西得到新生，这种新生的东西又给自己带来新的希望。在真诚的给予中，他无意识地得到了别人给他的报答和恩惠。

给予暗示着让别人也成为给予者，双方共同分享他们使某些东西得到新生的快乐。由于在给予的行为中某种东西产生，因此涉及到给予行为的双方，对他们看到的新生活非常感激。尤其是就爱而言。这意味着爱是一种能产生爱的力量。软弱无能是难于产生爱的。马克思曾对这种思想作过精辟的论述："假定，"他说，"他就是人，而大同世界的关系是一种人的关系，那么你只能用爱交换爱，只能用信任交换信任。如果你想得到艺术的享受，那你就必须是一个有艺术修养的人。如果你想感化别人，那你就必须是一个能鼓舞和推动别人前进的人。"

懂得如何保护自己的好运

[意大利] 马基雅维里

　　那些仅赖好运而从普通地位突然跃升为人上人的人，在其跃升过程中很少遇到麻烦，但要维持这个地位却有很多困难。向上跃升时，他们是振翅翱翔，在困难的头顶飞越，可是当他们停留在那个高高地位以后，困难就开始出现了。这类幸运者有的是以金钱换取地位的，有的是受那些握有权力的人的垂青而将荣誉、地位赏赐给他们的。这样的事例就曾发生在希腊，发生在爱奥尼亚与赫勒斯邦特两个区域的那些城市中。在这些城市中，波斯王大流士曾经立过好些王，让他们守仕这些地方，以确保自己的安全与光荣。同样，贿买了军队的普通庶民出身的皇帝，也是属于这一类。这些是完全依赖于提拔他们的人的善意以及依赖其命运生存的人——而善意与命运却是最不可靠与最易变动的。通常，这些人是既无技巧又无力量去维持他们的地位的。因为他们不具有超人的天赋，他们既然生来就过着庶人的生活，那就不可能懂得如何发号施令；又因为他们手下没有对其友善与效忠的军队，他们就不能维持其地位；再者，仓促建成的国家，就像自然界中一切速生速长的事物一样，不会有深根茂枝，一阵暴风雨就能吹折它。所以正像我在前面说过的，那些突然做了达官显贵的人，除非是天生有这样的才能，能使他们在好运投怀之后，立即懂得采取办法来保持它，并在事后补筑起他人在成功之前就打下的基础——否则，他们的好运是不会长久的。

视情况来知恩图报

［古罗马］ 西塞罗

我们应当为那些最爱我们的人做最多的事情；但是我们不应当像小孩子那样以情感的炽热程度，而是应当以情感的强韧度和持久性来衡量情感。假如我们已经受了别人的恩惠，我们首先要做的不是施惠，而是报答，那么似乎就应当更加勤勉了，因为没有什么比证明自己的感激之情更急迫的责任了。

如果按照赫西奥德所说的，一个人在拮据时向人借了钱，可能的话，还钱时就应当加上利息一并偿还，那么请问，我们对于不期而遇的仁慈，又将如何报答呢？难道我们不应当像肥沃的土地一样，回报果实大大多于其收受的种子吗？如果我们毫不犹豫地施惠于那些我们希望将来会帮助我们的人，那么我们又该如何对待那些已经帮助过我们的人呢？因为慷慨有两种：行善与报恩。我们是否行善，这可自行选择；但对于一个好人来说，假如他能够在不侵犯其他人的权利的情况下进行报恩的话，则不可知恩不报。

此外，我们对所受恩惠也要有所区分，因为受惠越大，当然责任也就越重。但在做这种判定时，我们应当首先估量其施惠的动机、诚意和心情。因为许多人普施恩惠只是出于一种病态的仁慈，或者是由于一时心血来潮，就像一阵风一样转瞬即逝。这种慷慨的行为，比起那些根据判断而做出的、经过慎重考虑的善行来，是不值得给予很高的评价的。

但是在行善和报恩中，我们首先必须遵循的一条规则（其他事情也一样）是：给予的帮助最好是同受助者的个人需要相称。许多人却遵行与此相反的原则：对于某个他们希望从他那里得到最大恩惠的人，即使这个人并不需要他们的帮助，他们也会最热心地为他服务。

愚蠢是生命的包袱

［德国］ 叔本华

  那些经常受苦的人，一旦脱离了困乏的苦痛，便立即不顾一切地求得娱乐消遣和社交，唯恐与自己独处，与任何人一拍即合。只因孤独时，人须委身于自己，他内在财富的多寡便显露出来；愚蠢的人，在此虽然身着华衣，也会为了他卑下的性格而呻吟，这原是他无法脱弃的包袱。然而，才华横溢之士，虽身处荒原，亦不会感到寂寞。色勒卡宣称，愚蠢是生命的包袱，这话实是至理名言——实可与耶稣所说话媲美，他说：愚人的生活比地狱还糟。人的合群性大概和他知识的贫乏以及俗气成正比。因为在这个世界上，人只有独居和附俗两种选择。

善于沉默是一种修养

[英国] 培根

沉默是弱者的智慧和策略。强者则敢于面对现实，直言不讳。因此，保持沉默是一种防御性的自全之术。

塔西佗说："里维娅（古罗马皇后，奥古斯都大帝之妻，提比留斯之母）兼有她丈夫的机智和她儿子的深沉。机智来自奥古斯都·凯撒，而深沉正是提比留斯的优点。"当莫西努斯（罗马将军，公元 1 世纪人）建议菲斯帕斯（罗马皇帝）进攻维特亚时，他这样说："我们现在所面对的，既不是奥古斯都的智谋，也并非提比留斯的深沉。"

这些话里都区分了那两种素质——智谋与深沉的不同。而对此二者，确实是应当认真辨别的。

假如一个人具有深刻的洞察力，随时能够判断什么事应当公开做，什么事应当秘密做，什么事应当若明若暗地做，而且深刻地了解其中的分寸和界限——那么这种人我们认为他是掌握了沉默的智慧的。他懂得怎样运用塔西佗所说的那种政治的艺术。

而一个人如果不具有这种智慧的判断力，他又很可能沉默得过分，以致对该讲的话也不敢讲，从而暴露了自己的软弱。

君子坦荡荡。强者往往具有光明磊落的精神，表现出能谋善断的作风。他们正像那种训练有素的马，善于识别何时可以速行，何时应当转弯。既能运用坦率的好处，又懂得在何时必须沉默。而虽然他们因不得已而沉默，由于人们对他一贯的信任也不易被识破。

掩饰事物真相的方法有三种：第一种就是沉默。沉默就使别人无法得到探悉秘密的机会；第二种是做转移注意的暗示。这就是说，只暴露事情中真实的某一方面，目的却是掩盖真相中更重要的部分；第三种是伪装。即故意设置假相，掩盖真相。关于这一点，经验表明，善于沉默者，常能获得别人

的信任。这可以称做牧师的美德。守秘密的牧师肯定有机会听到最多的忏悔，却没有谁会愿意对一个长舌人披露自己的隐私。

正如真空能吸收空气一样，沉默者能吸来很多人深藏于内心的隐曲。人性使人愿意把话向一个他认为能保守秘密的人倾诉，以求减轻自己心灵的负担。还可以说，善于保持沉默是获碍新知识的手段。

另一方面，赤裸裸的暴露总是令人害羞的（无论在肉体上或精神上）。而一个善于沉默的人，则显得有尊严。所以说，善于沉默是一种修养。我们可以发现，那些饶舌者都是空虚可厌的人物。他们不但议论已知道的事情，而且还议论他们所不了解的事情。还应当注意，沉默不仅应节制语言，而且应当克制表情。通常在观察人的时候，最微妙的显露内心之处，莫过于他的嘴部线条。表情是内心的显露，其引人注意和取得信任的力量有时甚至超过语言。

掩饰和装假有时是必要的。尤其在一个人对某事知情，却又不得不保持沉默的时候。因为对一个可能了解内情者，关心的人一定会提出各种问题，设法诱使他开口。即使他保持沉默，聪明人从这种沉默中也能窥见出某些迹象。所以说某些模棱两可的含糊之言，有时正是为了保持必要的沉默，而不得不穿上的一件罩衣。

作伪或说谎可能在某些场合发挥某种作用，但其罪恶是远远超过其益处的。经常作伪者绝不是高明的人而是邪恶的人。一个人起初也许只是为了掩饰事情的某一点而做一点伪装，但后来他就不得不做更多的伪装，以便掩盖与那一点相关连的一切。作伪的需要来自以下几点：第一是为了迷惑对手；第二是为了给自己准备退路；第三是以谎言为诱饵，探悉对方的意图，西班牙人有一句成语：说一个假的意向，以便了解一个真情。

但作伪还有三种害处：第一，说谎者永远是虚弱的，因为他不得不随时提防谎言被揭露；第二，说谎使人失去合作者；第三，这也是最根本的害处，就是说谎将使人失去人格——毁掉人们对他的信任。

因此，比较明智的做法，就是努力保持坦率真诚的形象，又掌握关于沉默的艺术。但不在万不得已时，不要做虚伪的人。

好朋友才不会被人抛弃

[古希腊] 色诺芬

苏格拉底： 安提斯泰尼斯，朋友是不是也像奴隶一样，有其固定的价值？因为有的朋友也许值两姆纳（姆纳，古希腊银币名，一姆纳等于100德拉克姆，又衡量名）。另一个却连半姆纳也不值，而另一个可能值5姆纳，另一个值10姆纳。尼凯拉特斯的儿子尼克阿斯据说曾经为了购买一个给他经管银矿的人付上了整整一塔连得（塔连得，古希腊衡量名，一塔连得银子等于60姆纳）的银子。所以让我们研究一下，是不是正像奴隶有一定的价值一样，朋友也有其一定的价值。

安提斯泰尼斯： 的确如此。至少就我看来，我就宁愿让某一个人成为我的朋友也不愿得到两姆纳；另一个人我可能认为连半姆纳也不值；另一个人我可能认为比10姆纳更宝贵；而另一个人我可能不惜牺牲一切金钱，费尽一切力量来争取他成为我的朋友。

苏格拉底： 如果情况是这样的话，那么，我们每一个人就都值得检查一下，看看自己对于朋友具有怎样的价值了。而且，每一个人都应当力图使自己对朋友有尽可能多的价值，免得朋友把他抛弃了。因我常常听见有人说，他的朋友把他抛弃了；也有人说，他之所以抛弃了他的朋友，就是为了要得到一姆纳。因此，对于这一切我是这样考虑的，是不是正像一个人不管能得到多少钱情愿把一个无用的奴隶脱手一样，人们也同样容易在能够得到更多价值的时候，把一个没有价值的朋友抛掉。我从来没有看到过人肯把一个有用的奴隶卖掉，同样，好朋友也不会被人抛弃。

以正义待人

［美国］ 艾德勒

一个从来就不节制的人，会错误地沉迷于只追求表面的善，他过分地追求一时的欢乐，不从长计较去追求真正的善。这样，在追求善的方面，他会脱离自己的最终目标。同样，对于一个向来怯懦的人来说，由于他缺乏坚韧不拔的精神，不能忍受痛苦和前进道路上的困难，他也无法得到他所追求的真正的善。

在我看来，问题的唯一答案必然存在于一个难以解释而且很少被人理解的真理之中。如果我所说的节制、勇气和正义、道德美的这三个方面是可分割的而且一个人可能只拥有其中一种特性的话，那么，就我本人来说，我会不知道怎样为待人正义会对自己的幸福有利这种观点辩护。不过，如果情况与此相反，所说的这三种特性虽各不相同，但作为一个不可分割的整体，它们是道德美的几个密不可分的方面的话，那么，我们所寻求的答案也就有了。

这个答案所依据的论证是这样的，我如果在道德上不具备美德，或者说，我如果没有做出正确选择的固有习惯，我就无法得到过好日子的幸福。对于道德美德的三个方面，我不能只有其中一个方面，因为道德美德的三个方面（即我所说的节制、勇气和正义）是彼此不可分割的。

我不能只节制而没有勇气与正义，也不能只有勇气而没有节制与正义。如果我不正义，我就既没有节制也没有勇气。如果我放纵自己，缺乏韧性，就得不到幸福。所以，不正义，我就得不到幸福。

因此，为达到善这个终极目的，也就是说，为了整个一生都能过上好日子，我必须以正义待人，以正义处理与我所在社区的关系。

如果我们深入洞察道德美德的性质，看出它就是人类行为向着最终目标与人类共同利益发展的方向，那么，我们就可以因此支持上述观点，并说清这种观点的真理依据。这样，我们在行动中，要么朝那个目标努力，要么反其道而行之。

具体的选择或行动是不可能同时指向两个方向的。当我们选择对他人有利因而朝那个方向移动时，我们就不可能选择对自己有利而向相反方向移动。

宠辱不惊

[法国] 卢 梭

长久以来，我曾拼命而又徒劳地挣扎。我这个人，缺乏技巧和手段，短于城府和谨慎，坦白直爽，焦躁易怒，挣扎的结果是越陷越深，并且不断地向我的敌人提供他们绝对不会放过的可乘之机。我终于意识到我所有的努力都是无助的，只是徒劳地折磨自己。我决心采取唯一可取的办法，那就是服从命运的安排，放弃对这种必然性的反抗。在这种屈从中，我找到了心灵的宁静，它补偿了我经历的一切苦难，这是既痛苦又无效的持续反抗所不能提供的。

这种宁静还应归功于另外一个原因。在对我的刻骨仇恨中，迫害我的入反而因为他们的敌意而忽略了一计。他们不知道只有逐步地施展招数，才能不断地给予我新的痛苦。如果他们狡猾地给我留点希望，那么我就会依然在他们的掌握之中，他们还可能设下某个圈套，使我成为他们的掌中玩物，并且随后使我的希望落空而再次折磨我，使我伤痛不已。但是，他们提前施展了所有的计谋。他们既然对我不留余地，他们也就使自己黔驴技穷。他们对我劈头盖脸地诽谤、贬低、嘲笑和污辱是不会有所缓和的，但也无法再有所增加。他们已是如此急切地要将我推向苦难的顶峰。于是，人间的全部力量在地狱的一切诡计的助威下，再也不能增加我的苦难。肉体的痛苦不仅不能增加我的苦楚，反而使我得到了消遣。它们使我在高声叫喊时，免于呻吟。肉体的痛苦或许会暂时平息我的心碎。

既然一切已成定局，我还有什么可害怕的呢？既然他们已不能再左右我的处境，他们就不能再引起我的恐慌。他们已使我永远脱离了不安和恐惧：这总是个宽慰。现实的痛苦对我的作用已不大。我轻松地忍受我感觉到的痛苦，而不必顶住我担心会有的痛苦。我受了惊吓的想像力将这样的痛苦交织起来，反复端详，推而广之，扩而大之。期待痛苦比感受痛苦能够更百倍地折磨我，而且对我来说，威胁比打击更可怕。期待的痛苦一旦来临，事实就失去了笼罩在它们身上的想像成分，暴露了它们的真正价值。于是，我发现它们比我想像的要轻得多，甚至在痛苦中，我觉得还是松了一口气。在这种情况下，我超脱了所有新的恐惧和对希望的焦虑，单凭习惯的力量就足以使我能日益忍受不能变得更糟的处境，而当我的情感随时间的推移日渐迟钝时，他们就无法再激怒它了。这就是我的迫害者在毫无节制地施展他们的充满敌意的招数时给我带来的好处。他们已失去了对我的支配权，从此我就可以对他们毫不在乎了。

放荡不羁以有益健康为限

[古罗马] 塞涅卡

　　回避众人所赞扬的一切以及幸运送来的礼物吧。当你的人生路上意外地出现某种你喜欢的东西时，你得加以怀疑，警惕地停下来：野生动物和鱼类也可能为某种希望所引诱而受骗上当。你把那些东西看做是命运给你送来的礼物吗？不，那是钓饵。那些想过安逸生活的人将会努力扑向这种钓饵。这里也包含着我们这些可怜人犯下的另一个错误：当我们实际上已受骗上钩的时候，却以为这东西就是我们的。那是一条通向悬崖之路。使人晕眩的生活终归会使人身败名裂。而且，幸运一旦使我们的生命之船偏离航向，我们就无法以它仍在自己的航道上行进而自慰，也不能断然破釜沉舟，甚至没有能力使它抛锚停航。命运不仅会把船只翻覆，还会把它掷向岩礁，撞成碎片。因此，要坚持这样一个稳健安全的生活原则：放荡不羁以有益于健康为限。这就必须相当严格地控制肉体欲望，以免它背逆精神的要求。吃饭是为了充饥，喝水是为了止渴，穿衣是为了御寒，住房是为了避风躲雨。房子是草盖茅舍，还是用色彩斑驳的大理石砌成的建筑，都无关紧要，你必须明白的是：草屋顶和金屋顶一样美好。花费无益的劳动与金钱，如果是为了显示自己的财富，都要予以踢开。必须想到的是，除了精神之外，任何东西都不值得羡慕。精神所具有的感人力量使它不再为任何东西所感动。

　　想一想那大量的才华横溢的台词吧，它们大概只有在闹剧中才能被认为是谎言。再想想普布利柳斯的那许多诗篇吧，它们本应由穿悲剧靴的优伶们，而不是由打赤脚的哑剧演员们来朗诵的。我来引用他的一首诗吧，这首诗是属于哲学的。在这首诗中他宣告，那偶然地带到我们生活之路上来的礼物不应认为就是财富：如果你祈祷获得某个东西，而且你真的碰到了它，它也远非就已经属于了你。

我记得还有一句话对这个意思的表达要更加确切简明得多：命运给你的一切都并非你自己所有。我奉劝你记住那个更加确切的表达：能够被给予的恩赐也就能够收回。

下流人总是比正直的人要求更多的优待

[古希腊] 苏格拉底

人们天性有友爱的性情：他们彼此需要，彼此同情，为共同的利益而通力合作，由于他们都意识到这种情况，所以他们就有互相感激的心情；但人们也有一种敌对的倾向。因为那些以同样对象为美好可喜的人们，会因此而竞争起来，由于意见分歧就成了仇敌。分争和恼怒导向战争，贪得无厌导向敌视，嫉妒导向仇恨。尽管有这么多的障碍，友谊仍然能够迂回曲折地出现，把那些高尚善良的人们联系在一起；因为这样的人是热爱德行的，他们认为享受一种没有竞争的幸福生活，比通过战争而称霸一切更好；他们情愿自己忍受饥渴的苦痛，和别人分享面包和饮料；尽管他们也酷爱美色，却能毅然控制住自己不去得罪那些他们所不应得罪的人。他们摒除贪欲，不仅能以依法分给他们的产业为满足，而且还能彼此帮助；他们能彼此排除分歧，不仅使彼此都不感到苦痛，还能对彼此都有好处。他们能够防止怒气，不致因发怒而产生后悔；他们也能完全排除嫉妒，认为自己的财产也就是朋友的，而同时把朋友的财产认为也就是自己的。

因此，高尚而善良的人们能够共同享受一切荣誉，不仅彼此无损，而且还对彼此都有好处，这岂不是很好的事吗？而那些为了便于盗窃公款、强暴待人，过一种安逸享乐的生活而贪图在城邦里享受荣誉和占据高位的人，则是些不义和无耻之徒，是不可能和别人和睦共处的。但是，如果一个人希望获得荣誉，不仅是为了使自己不做不法行为的牺牲品，同时也是为了在正义的事情上对朋友有所帮助，并且使自己能够为他人做一些有益的事情，他自己既然具有这样的心态，为什么不可以和与自己有同样心态的人结交为亲密的朋友呢？难道他和那些高尚而善良的人们结交会妨碍自己帮助自己的朋友吗？或者是在得到那些高尚而善良的人们的合作之后反而会使自己对国家不能有所贡献吗？即使在公共竞技中，如果让那些最强有力的人联合起来攻击比较软弱的人，他们就会在一切竞赛中取得胜利而夺去所有的奖品；因此，在这样的竞赛里人们是不容许这样做的；但是，在政治方面，高尚而善良的人们是占着优势的，如果有人为了对国家有所贡献而愿意和任何人联合起来，是不会有人加以阻止的；和最好的人结交为朋友，以他们为在事业上的同志与同工，而不是作为仇敌，怎能对于治理国家没有好处呢？

而且，同样明显的是，如果某人和某人作战，他就需要同盟，如果他的对手是高尚善良的人，他还需要更多的同盟者；对于那些愿意做他的同盟者的人，他必须优待他们，使他们甘心情愿地奋发努力；优待那些人数较少最有德行的人比优待那些人数众多的下流人要好得多，因为下流人总是比正直的人要求更多的优待的。

相信得太多和太少同样危险

[法国] 狄德罗①

不信有时是傻子的毛病，而轻信则是聪明的人的缺点。聪明人对广阔的可能看得很远；傻子则几乎只把实际的东西看做可能的。也许就是这一点使得一个很怯懦，而使另一个很冒失。

---

① 狄德罗：(1713～1784)，法国启蒙思想家、唯物主义哲学家、无神论者、文学家。《百科全书》主编。

关于你的敌人

[波斯] 昂苏尔·玛阿里

任何人都应努力做到一点，就是让敌人对你无可奈何。面对仇敌不要畏惧，也不要为此凄怆。因为你不想与人为敌，人也会与你为敌。因此要警惕他一切隐蔽的或公开的活动。不要对他的恶行掉以轻心。时刻注视着他的奸巧伪诈、凶残劣迹。任何时候不为他的阴谋所欺骗，而要随时掌握他的动向，不因突然的灾祸或事件而手足无措。

在你还没有准备就绪的时候，不要同敌人的矛盾激化。在敌人面前更不要示弱，哪怕你已经力竭倒地。即使这时你也要想尽办法，挺身而立。

绝不要相信良言善行能感化敌人。假若敌人给你蜜糖，你应把它看做鸩毒。

假若你的亲信投靠敌人，将你背叛，敌人就变成能加倍伤人的双刃利剑。

应对强敌保持惧心。人们常说："应当畏惧两种人：一是强大的敌人，二是不忠的亲信。"对于较小的敌人也不要轻视，要把弱敌当做强敌来看待，绝不要认为他无足轻重。

在霍腊散有个著名的游侠，富有而性善，他叫牟赫拉伯。一天，他在路上信步而行，不小心踩着一块甜瓜皮，脚下一滑摔倒了。他立即掏出刀子，把那块瓜皮切得粉碎。仆人问他："少爷啊！像您这样有钱的堂堂侠士，拿瓜皮逞能，不觉得羞愧吗？"牟赫拉伯回答说："摔倒我的甜瓜皮，我不拿它开刀，拿谁开刀？不论谁把我摔倒，我都把它视为仇敌，以刀还击。不要轻视敌人，哪怕他十分弱小。藐视敌人者，会轻易地被敌人击败。"

应当在敌人的阴谋得逞之前，就把敌人击败。同你对抗的不论是哪一类敌人，当你战胜他之后，都不要嘲讽他，把他描绘得不堪一击。因为如果敌人真的软弱无力，任人唾骂，战胜他就算不得光荣。而应当说：是真主给了你力量，没有真主的佑助，你将丧失力量，被人责骂，最后败于敌人麾下。

难道你没看到当国王得胜回朝以后，即使敌人不堪一击，写颂辞、唱赞歌的文人墨客们，也总是先描述一番敌人如何凶猛，如何兵强马壮，把他们的骑士和步兵比喻为雄狮和毒龙，竭力渲染敌军的凛凛威风，中军和两翼的阵容严整，敌人将领狡诈奸猾之后，才谈到这样的军队虽然不可一世，但当与某个统帅的常胜之军一交锋，便立即土崩瓦解、败退如潮了。正是以这样的手法来烘托受到自己所颂赞的人的伟大，来表现自己的军队的威力。因为如果把败军败将骂得一钱不值，那么得胜之王还有什么可炫耀的呢？假若打败的是望风披靡的一群草包，是不值得书写颂文、吟诵赞诗的。

除了不要侮慢敌人之外，在任何情况下都不要信赖敌人。尤其要警惕内部敌人，因为他们了解敌人不可能侦察到的秘密。由于他们害怕你会加罪于他们，所以无时不对你心怀叵测，监视你的一举一动，向敌人提供那些探听不到的内情。但是同任何敌人都不要真诚相见，而是只做些表面文章。假若把应酬当成真情，将宿怨视为新谊，致使旧友变成仇敌，这样的敌人对你危害甚大。

你还要记住：出于不得已时才去接近敌人。对敌人的打击则应如此惨重——使他不能再对你形成威胁。

你还应努力多交朋友，使朋友的数量成倍地多于敌人。应使朋友尽量多，敌人尽量少。但是宁肯少交朋友1000，也不多树敌1个。因为那1000个朋友对于护卫你并不尽心尽力，而那1个敌人却不会放松对你的骚扰。

不应容忍他人的羞辱。不能自重者，便得不到他人的尊敬。

对于强敌，不要一开始就使矛盾激化；对于弱敌，不要轻视征伐的艰难。

但是假若敌人要求避难，即使是同你有旧怨的宿敌，也应当庇护他。这是显示你心胸豁达的很好机会。人们常言："当敌人死亡、遁逃或因惊惧而要求庇护时，不要对他凛然逞威。"

假若敌人在你的手中丧命，是值得欢庆的。而他若是病老归西，便不应幸灾乐祸，因为你也会死掉。假若你确信自己永远不会死，当然值得庆幸。虽然智者说："谁若比敌人哪怕晚死一秒，当自己死时也应感到欢畅。"但是正像我前面讲到的，一个人不应当幸灾乐祸。对此，我写过两句诗：

假若你的敌人运数合终，

不要因此而排宴欢庆。

因为你的大限也将来到。

何必为他人的身亡而庆幸？

所有的人都在做着人生的旅行，应把行善积福看做旅途中的干粮。除此之外，再不应有随身携带的东西了。

据说当"两角英雄"亚历山大周游完世界，好像把世界戏弄一番以后，决定返回家园。但是刚走到达玛冈，便驾崩了。他留下遗言说："当把我安放进棺木以后，请把棺木凿两个洞，掏出我的两手，并使手指张开，以便让人们都看到：虽然我生时受到世界的崇敬，但死时却两手空空。请转告我的母亲：希望她祈祷我的灵魂安息。我忧念尚在活着的亲人，忧念尚未死去的世人。"

当你把一个人摔倒后，去捆他的手脚，如果得法，便能捆紧。如果绕得圈数太多，超过了限度，倒会脱开。所以做任何事情都应有一定的分寸。不论对待朋友或敌人，都要适可而止，这才是有理智的表现。

应当竭力避开妒忌者，以免撩拨起他们的怒火，而对你行恶。应当对恶者报之以恶。对贪得无厌者则不必争吵，而应置之不理。不应对其过分的要求迁就满足，不要去装永远也装不满的水罐。对愚鲁的挑斗者则须忍让。然而对于威武的勇士，却应敢于应战。

真英雄不企求荣誉作为对他成功的报偿

〔古罗马〕 西塞罗

在世人的眼里，凭借一种伟大的、高尚的、不因世俗生活变迁而动摇的精神所获得的成就是最光荣的。所以，当我们想要奚落一个人时，最先滑到舌边的可能是诸如此类的话："年轻人，你简直像个娘儿们，而那个勇敢的女人（指克罗利亚 Cloelia。她是一个罗马姑娘，曾被典做人质，后游泳渡过台伯河逃回罗马。）倒像个男人"；或者是："你这个萨马昔斯（执掌小亚细亚卡里亚的一条河的女神。据传，凡喝此河水者，肌肤变得娇嫩。）的儿子，既不流汗也不流血，却得到了这么多的战利品。"另一方面，当我们想要赞扬某个人的伟大时，我们就会设想用更动人的语调歌颂其勇敢而崇高的工作。因此，演说家们都常常提到马拉松、萨拉米、普拉泰亚、德摩比利和琉克特拉，因此我们的科克列斯、德奇乌斯父子、格奈乌斯·西庇阿和普布利乌斯·西庇阿、马尔库斯·马尔采卢斯，以及多得难以计数的其他人，尤其是我们整个罗马民族，都是以勇敢著称于世。另外，从他们的雕像通常都是身着戎装这一事实中可以看出，他们喜爱战场上的荣耀。

但是，假如在危难时所表现出来的高昂的斗志缺乏公正，为了自私的目的而不是为了公众的利益而斗争，这便是邪恶的了。因为这不仅没有美德的成分，而且其本质上是野蛮的，与我们一切美好的情感大相径庭。因此，凡是以背信和诡计而博得勇敢的名声的人不会获得真正的荣誉，因为一切不讲公正的行为都不可能是有德行的。

柏拉图说得好："不仅一切背离公正的知识应当被称做诡计而不应当被称智慧，而且即便是临危不惧的勇气，如果它不是出于公心而是出于自私的目的，那也应当被称为厚颜而不应当被称为勇敢。"因此，我们要求勇敢而高尚的人同时也应当是善良和正直的，应当热爱真理，反对欺诈，因为这些品质是公正的核心和灵魂。

但遗憾的是，这种无所畏惧的气魄往往会导致肆无忌惮和过分贪慕权力。正像柏拉图告诉我们的，整个斯巴达民族的性格就是热衷于赢得胜利，同样，一个人越是具有无畏惧的气魄，他就越是想成为第一号公民，或者毋宁说是，越是想成为独裁者。但是当一个人开始渴望显贵时，他就很难保持正义所绝对必需的那种公正的态度。结果是，这种人既不愿意使自己受制于辩论，也不愿意使自己受制于任何公众和法律的权威；但他们往往成为社会生活中的行贿者和煽动者，企图用武力谋取最高的权力而成为优胜者，而不是以公正的态度与他人平等相处。但是，越是困难的事情，越要做得堂堂正正，因为一个人如果犯了不公正的错误，是绝不可原谅的。

因此，不是伤害他人的那些人，而是阻止这种伤害他人的行为的那些人，才能被认为是勇敢的。此外，真正而且明达的勇敢者认为人的本性最渴望的那种道德上的善在于行为，而不在于虚誉，他们所注重的是"实"，而不是"名"。我们应该赞成这种观点，因为那种依靠无知暴民的任性胡为而得逞的人不能算是伟人。另外还有，一个人的野心越大，他为了得到虚名就越容易受诱惑而干出不公正的事情。当然了，我们自己究竟怎么样，现在还很难说；因为我们很少看到有这样的人，他虽曾历尽艰险，但却不企求荣誉作为对他成功的报偿。

不怀好意的慈悲心肠总不会被人喜爱

〔古罗马〕奥古斯丁①

　　人们喜欢看自己不愿遭遇的悲惨故事而伤心，这究竟是为了什么？人愿意通过看戏引起悲痛，而这悲痛就作为他的乐趣。这岂非一种可怜的变态？人越不能摆脱这些情感，就越容易被它感动。人自身受苦，人们说他不幸。如果同情别人的痛苦，众人就说这人有恻隐之心。但对于虚构的戏剧，恻隐之心究竟是什么？戏剧并不鼓励观众帮助别人，不过是引逗观众伤心，观众越感到伤心，编剧者就越能受到赞赏。如果看了历史上的或是捕风捉影的悲剧而毫不动情，那演戏者将败兴出场，承受批评指责；假如能感到回肠荡气，观众自然看得津津有味，演员也自觉高兴。

　　由此可见，人们喜欢的是眼泪和悲伤。但谁都要快乐，谁都不愿受苦，却都愿意同情别人的痛苦，同情必然带来悲苦的心情。那么人是否仅令由于这一原因而甘愿伤心？

　　这种同情心发源于友谊的清泉。但它将去何处？流向哪里呢？为何流入沸腾油腻的瀑布中，倾泻到浩荡灼热的情欲深渊中去，并且自觉自愿地离弃了天上的澄明而与此同流合污？那么人们是否应该摒弃同情心呢？不，有时应该爱悲痛。但是，我的灵魂啊！你要防止淫秽的罪。

　　我现在并非消除了同情心，但当我看到剧中一对恋人无耻地作乐，虽然这不过是虚构的故事，我却和他们同感愉快；看到他们恋爱失败，我也觉得凄惶欲绝，这种或悲或喜的情味于我都是一种乐趣。而现在，我哀怜那些沉湎于欢场欲海的人和因丧失罪恶的快乐或不幸的幸福而惘然自失的人。这才是比较真实的同情，而这种同情心不是以悲痛为乐趣的。怜悯不

---

　　①　奥古斯丁：（354～430），罗马帝国基督教思想家。教父哲学的主要代表。

幸的人，是爱的责任，但如果一个人怀抱真挚的同情，那他必然是宁愿没有怜悯别人不幸的机会。假如有不怀好意的慈悲心肠——当然这是不可能的——就会有这样一个人：具有真正的同情心，而希望别人遭遇不幸，借以显示对这人的同情。应当说：有些悲伤是可以被赞许的，但不应说是可以被喜爱的。

待己则诚

［印度］ 克利希那穆尔提

　　如果你不知道自己，不知道自己思考的方法以及为什么要思考某些特定的事物；如果你不知道自己生活的背景；不知道自己为什么对艺术、宗教和你的国家、邻居以及你自己有某些特定的信念，那么，你怎么能够真正地思考任何事物呢？如果不知道你自己的背景，不知道你自己思想的实质以及这思想来自何处，那么，你的探究的确是完全无益的，你的行为也没有任何意义。

　　在我们能够弄清楚生命的最终目的是什么，战争、国家的对抗、冲突以及整个这一切意谓着什么以前，我们必须先认识自己。难道不是吗？这听起来是如此简单，但其实是非常困难的。审视自己，了解自己是怎样思考的，必须特别地警惕。当人对自己的思想、反应和感情的复杂性开始有越来越多的警惕时，他才开始有一种更大的认识。这种认识不仅是针对自己，而且针对那些与自己发生联系的人。认识自己就是从行为中研究自己，而这种行为就是社会关系。

　　困难对于我们是如此迫切，我们想要生活，想要达到一种目的，以致我们既没有时间也没有场合给自己研究、观察的机会。或者在维持生计、教养孩子这些各种各样的劳作中承担着义务，在各种各样的组织中担当某些职责，在不同的方面我们有如此多的责任，以致我们几乎没有时间去自我反省、去观察、去研究；因此，忽略的责任实际上在于自己，而不在于别人。你也许能漫步于整个世界，但最终必须回到你自身。而且，因为我们大多数人没有认识到自己，所以要清楚地了解我们的思想、感情与行为的过程是极端困难的。

　　认识自己越多，就会越清楚：自我认识是没有尽头的，你不会达到一种完成，也不会得到一'个结论，它是一条无尽头的长河。随着人对自身的研

究以及这种研究的逐渐深入，人才能获得安宁。只有当内心是安宁的——这种安宁只能通过自我认识而不是通过强加给自我的约束而获得，只有处身于安宁与静默之中，真实才能出现。只有到那时，你才能有巨大的幸福，有创造性的行为。没有这种认识与经验，仅仅读一些书，参加一些谈话，做一些演讲，我觉得是很幼稚的，它们只是一些行为，而没有更多的意义。反之，如果一个人能够认识自己，并因此带来富有创造性的幸福和对一些精神性事物的体验，那么，也许会使与我们直接有关的社会关系和我们所生活的世界产生改变。

交往之道

［古罗马］塞涅卡

我告诉你应该把回避什么作为是紧要的事，我的回答是：回避众人。你不能放心地以身相托的，就是众人。无论如何我都愿意承认，我在这方面（指与众人交往方面）是很脆弱的。

交往的人太多其实有害无益。他们之中有人可能引诱我们走上邪恶之路，或者让我们打上邪恶的印记，不知不觉地玷上了邪恶的污点。交往的人越多，危险也必然越大。但没有比坐在戏院里消磨时间对人更为有害的了——因为通过娱乐的媒介，邪念恶习会比平时更易腐蚀我们。正是这样，更为严重的是，由于和众人接触，我甚至成了一个更加残酷、更少仁慈的人。

一个人要是很容易受环境的影响，又毫无坚持正确观点的能力，就必须把他从众人中拯救出来：他是很容易随大流的。苏格拉底主义者，加图或莱利乌斯本来也可能为一大堆持不同观点的人所动摇，从而失去自己的原则。当邪恶及其强大的追随者袭来时，我们每个人抵抗这种进攻所表现的无能，就是这样来衡量的，即便我们修养到家了也是如此。

单是奢侈和贪婪就足以造成很大的危害——生活放纵无度的朋友使人逐渐柔弱；富有的邻居使人产生贪婪；品质恶毒的伙伴，常常甚至在天真坦率的人身上擦上他的锈斑。你能想像，当上述这类进攻来自整个世界时，一个人的品质该会受到怎样的影响？你要么恨这个世界，要么去适应它。但正确的态度是这二者皆应避免：既不要因为坏人的人数很多而变得像他们那样坏，也不要因为他们不像你这样而同许多人为敌。

要尽可能地退隐到自身中去，要结交可能帮助你进步的人，要欢迎你有能力去提高他们的人。这是相互提高的过程：教别人的时候就是在学习。不能认为，以向别人广为宣传自己的才能为荣，就一定会诱使你去朗读自己的著作或发表演说，从而使你在公众面前哗众取宠。如果你朗读或演说的内容

也适合于我刚才跟你谈到的那种人的话，我倒是很高兴你这样做的，但事实是他们之中没有人能真正理解你。你也许到处都能碰到这样的人，要使他们能够理解你的教诲，你得先去培养和提高他们。

"那么我学习这一切是为了谁？"如果你是为了自己，就没有理由担心你会浪费一切努力。

为了保证我今天不仅仅是为了我自己而学习，让我们一起来分享我看到的一则妙语吧。德谟克利特说："在我看来，一个人就是一群人，一群人就是一个人。"有这样一个人（不管他是谁吧，因为他的姓名无法确定），他不辞劳苦地创作了一件工艺品，但只受到很少几个人的欣赏。当人们问他努力的目的是什么时，他的回答是精彩的："对我来说，几个人就足够了，一个人也够了，一个没有也行。"

伊璧鸠鲁主义者在一封给同事的信中说："我正在写作，不是为了给许多人看，只给你一人看，因为我们有一个观众就行了。"记住这些妙语吧，我亲爱的朋友，你可以轻视那来自多数人的赞同的快乐。许多人都赞扬你，但如果你是那种为许多人所了解的人的话，你还真有理由对自己感到满意吗？你的优点不应该是你的外部表现。

算命是个危险的游戏

[法国] 阿 兰

有些人为了知晓自己的命运，就找一个算命的看手相。他这么做也许只是为了好玩，并不是真的相信。如果要征求我的意见，我必定劝人千万不要这么做，因为这是一个危险的游戏。什么预言在还没有说出来的时候，你不相信当然不难。这个时候用不着你相信什么，可能谁也不会去相信。一开头持怀疑态度并不难，但是以后就不容易了。算命的很了解这一点。他们对你说："反正你不信，你又怕什么呢？"他们就是这样设置危险的陷阱的。至于我自己，我怕我会相信他们；我又怎么知道他们会对我说些什么呢？

我假设算命先生是相信自己的，因为如果他意在逗笑取乐，他就会用模棱两可的话预告一些平平常常、可以预见的事情："你会遇到一些麻烦，受到小小的挫折，但是最后你会成功的。有人跟你作对，但是总有一天他们会同你合好，而这个期间自有忠诚的朋友带给你安慰。你不久会收到一封信，内容与你现在操心的事情有关等等。"诸如此类的话他可以说上一大篇，这对任何人都没有损害。

但是，如果这位术士相信自己真能预卜未来，他就会向你预告灾祸。你自以为超脱了世俗的见解，听了以后会置之一笑。但是他的话还是留在你记忆里，当你胡思乱想或做梦时会突然袭来，让你稍稍感到不安。直到某一天发生一些事情似乎与他的预言吻合，你就不那么容易把握住自己了。

我认识一位少女，有一天一位算命的看过她的手相以后对她说："你会结婚。你将有一个孩子，但是过后你会失去这个孩子。"一个人的生命处于如日初升时，这个预言并不会成为沉重的包袱。但是斗转星移，这位少女出嫁了，不久又生了一个孩子。到这个时候，这个预言对她就不那么轻松了。假如这个孩子得了病，不祥的预言就会像钟声一样老在她的耳际萦绕。可能她当初曾嘲笑这位看相的，现在轮到后者报复了。

　　这个世界上各种各样的事情都可能发生，所以不管人们的见解有多么坚定，碰上某些遭遇也会动摇。你听到一个不吉利的、难以置信的预言后可能会付之一笑，但如果这个预言部分应验了，你就不会有心情笑了。即便是最勇敢的人遇到这种情况，他也会等待事态的发展。我们知道，我们的担心带来的痛苦不亚于灾祸本身造成的痛苦。也可能有两个预言家不谋而合地为你预言同一件事情。如果这一巧合并不使你感到特别不安，那么我对你十分钦佩。

　　至于我，我宁可不去多想未来，只注意眼前可能发生的。我不但不会请人看手相，而且不想从自然现象中寻找未来的预兆，因为不管我们有多大学问，我终不相信我们的目光能看得很远。我发现任何人遇到的重大事件都是他未曾预料，也不可能预料的。当人们治愈了好奇心以后，无疑也需要治愈过分的谨慎心。

怎样活着

［古希腊］ 德谟克利特①

卑劣地、愚蠢地、放纵地、邪恶地活着，与其说是活得不好，不如说是慢性死亡。

追求对灵魂好的东西，是追求神圣的东西；追求对肉体好的东西，是追求凡俗的东西。

应该做好人，或者向好人学习。

使人幸福的并不是体力和金钱，而是正直和公允。

在患难时忠于义务，是伟大的。

害人的人比受害的人更不幸。

做了可耻的事而能追悔，就挽救了生命。

不学习是得不到任何技艺、任何学问的。

蠢人活着却尝不到人生的愉快。

医学治好身体的毛病，哲学解除灵魂的烦

智慧生出三种果实：善于思想，善于说话，善于行动。

人们在祈祷中恳求神赐给他们健康，却不知道自己正是健康的主宰。他们的无节制戕害着健康，他们放纵情欲，自己背叛了自己的健康。

通过对享乐的节制和对生活的协调，才能得到灵魂的安宁。缺乏和过度惯于变换位置，将引起灵魂的大骚动。摇摆于这两个极端之间的灵魂是不安宁的。因此应当把心思放在能够办到事情上，满足于自己可以支配的东西。不要光是看着那些被嫉妒、被羡慕的人，思想上跟着那些人跑。倒是应该将眼光放到生活贫困的人身上，想想他们的痛苦，这样，就会感到自己的现状

---

① 德谟克利特：（约公元前460～公元前370），古希腊哲学家。著有《小宇宙系统》、《论自然》等。

很不错、很值得羡慕了，就不会老是贪心不足，给自己的灵魂造成苦恼。因为一个人如果羡慕财主，羡慕那些被认为幸福的人，时刻想着他们，就会不由自主地不断做出愚蠢的事情，由于贪得无厌，终于做出无可挽救的犯法行为。因此，不应该贪图那些不属于自己的东西，而应该满足于自己所有的东西，将自己的生活与那些更不幸的人比一比。想想他们的痛苦，你就会庆幸自己的命运比他们的好了。采取这种看法，就会生活得更安宁，就会驱除掉生活中的几个恶煞：嫉妒、眼红、不满。

邪恶的护照

［西班牙］ 葛拉西安

让我们假想这样一个情景，当邪恶与恶意统治了这个世界，人们也变得无耻疯狂。邪恶公告天下，颁令禁行美德，违者严罚，绝不稍贷。令下之日起，实话实说者被称为疯癫；恭让待人者被称为软弱；研思读书或有知有识者被称为"哲学家"或"斯多葛"；处事慎重斟酌，被称为愚钝，以此类推。恶德邪行纵横恣肆，成为通行全球的护照。这野蛮，无法无天的消息传遍遐迩，声闻全球。怪事来了！美德理应赫然振怒，此时却反而拍肩互贺，欣喜莫名。于是，恶德茫然不解，怅然若失，懊丧溢于言表。

有一个明智的人见此怪事，颇以为奇，请教他所爱的智慧。

"别惊讶，"智慧说，"不用奇怪我们为何这么怡然自得。这场无法无天的灾祸并没有伤到我们，反而为我们助势。这不是侮辱，看来是祸，其实是福。他们给了我们不能再大的好处。这回，万恶众邪可末日临头了。他们最好躲远点。所以，他们丧气，大有道理。这是我们畅行天下，收复世界的日子。"

"你这样预言有何根据？"此人不解地问。

"很简单。凡是被禁止的东西，人们都有一股奇怪的兴趣。被禁止的东西，他们就是舍了性命，也要弄到手。最丑的东西一禁，他们就比巴望最美的东西还厉害。禁止断食，连伊壁鸠鲁（禁欲学派），甚至黑里欧加巴鲁斯（Heliogabalus，淫乱的罗马皇帝，强行国人信奉太阳神，大开杀戮；因大搞同性恋派对，触怒舆论而被杀），也会不惜活活饿死。禁止贞淑，就是维纳斯也会赶着离开塞浦路斯（Cyprus，维纳斯居住的岛），进修女院去，所以，高兴吧！世上从此没有欺骗，也看不见不忠、忘恩负义、恶劣行为！戏院与赌场关门，美德沛然流行，好时佳日重返人间，受人善用，妇人与丈夫重修好合，处女又知珍惜贞德。诸侯尊王，政出于朝。政客不再满口谎言，小城不蜚短流长。男女大欲则敬重第六诫，众生幸福重生，黄金时代就此翩然降临。"

凡事不可急于求成

［英国］ 培根

做事必须谨慎，不可急于求成，须知狼吞虎咽会使人消化不良。

真正做事迅速的人，并非事情仅仅做得快，而是那些做得成功而又有成效的人。譬如在赛跑中，优胜者并非步子迈得最急或脚抬得最高者；因此在事业上迅速与否不能只用时间来衡量。

某些人只追求表面上的快速。为了显示工作效率，就把并未了结的事草草了结。然而这往往是了而不结，其结果是：一件本需做一次的事，却不得不回头重复多次。所以，有一位智者曾讲过这样一句至理名言："慢些，我们就会更快！"

然而另一方面，我们又应当追求真正的迅速。因为时间与事业的关系，就像金钱与商品的关系。做事情费时太多，就意味着买东西付出高昂的代价。据说古代的斯巴达和西班牙人是一向行事迟缓的。因之有一句谚语说："我愿采用西班牙式的死法"——意思是说，这样死亡可以来得慢一些。

当你听别人介绍情况时，最好首先耐心去听，而不要急于插话。因为话头一被打断，陈述者就不得不把旧题重复一遍。所以那些乱插话者，甚至比发言冗长者更令人讨厌。

说话重复也是浪费时间，但反复宣讲一件事的要点，使人易于抓住瓶颈，反而可以提高效率。讲话不宜罗嗦，正如赛跑者不宜穿长袍。讲话不要过多兜圈子，这貌似谦虚，其实是在说废话。但应注意的是，对一个心持反对意见者，讲话却有必要谦和而委婉。否则就如把盐撒人伤口，会使他已有的成见更深。

敏捷而有效率地工作，就要善于安排工作的次序，分配时间和选择要点。只是要注意这种分配不可过于细密琐碎。善于选择要点就意味着节约时间，而不得要领的奔忙却等于乱放空炮。

做事常可分三步——筹备、审议、执行。审议时应当博采众论、集思广益。但筹备和执行的人，却应当尽可能地少而精。

在把一件计划交付审议之前，先准备一个草案将有助于提高效率。即使这个草案在审议中被推翻，这也意味着事情有了进展，因为已否定了不可取的方案。这种否定正如燃后的草木灰对于田地，有利于新植物的生长。

具有伟大心灵的人，永远是王

［德国］ 叔本华

具有特权身份或出生在特权世家的人，即使他是出生在帝王之家，比起那些具有伟大心灵的人来说，只不过是为王时方为王而已，具有伟大心灵的人，相对于他的心灵来说，永远是王。希腊哲学家伊壁鸠鲁最早的弟子麦阙多鲁斯也说"从我们内心获得的快乐，远超过自外界得来的愉乐"。生命幸福的主要因素，我们存在的整个过程，在于我们内在的生命性质是什么，这是天经地义和人人都可以体验到的事实。人的内在生命性质是使我们心灵满足的直接源泉，我们的感性、欲望和思想使我们不满足，直接的源泉也是因为我们内在生命的性质。

外界环境只不过是对我们产生一种间接的影响而已。这就是为什么外界的事件或环境对两个人的影响各不相同。即使环境完全相同，每二个人的心灵也并不完全合乎他周围的环境，各人都活在他自己的心灵世界中，一个人能直接体悟的，也就是自己的观念、感受和意欲；外在世界的影响也不过促使我们体悟自己的观念、感受和意欲。

我们所处的世界如何，主要在我们以什么方式来看我们所处的世界。正因为如此，世界相同，各人却大异其趣，有的觉得枯燥乏味，了无生趣，有的人又觉得生趣盎然，极具意义。听到别人在人生经验历程中颇饶兴味的事件，人人也都想经历那种事件，完全忘记那种事件令人嫉妒，在描述那些事件时，把自己的心灵落在那些事件所具有浮泛意义中。某些事情对于天才来说是一种极具意义的冒险，但对凡夫来说却单调乏味，毫无意义。在歌德和拜伦的诗中，有许多地方是化腐朽为神奇，化平凡为不平凡。愚痴的读者嫉妒诗人有那么多令人愉快的事物，他们除了嫉妒外，不想想诗人莫大的想像力可把极平凡的经验变得美丽和伟大。

勿论人恶

［俄国］ 托尔斯泰

随意去论断一个人往往是一种恶，有时候那是极其残酷极其不义的。我论断人其实就等于对人行恶，而我所论断的也许正是赏识我，对我行善的人。

在人与人之间的争端发生的时候，无论争执的程度如何不同，一定是争执的双方都不好。火柴是无法在镜子那般光洁的表面上擦出火花来的。

一个人走错了方向必自食其果，假如我们了解这一点，就不再对人感到愤懑，也不再产生争执。

当我们听到有人开始非难别人的时候若能立刻加以劝阻，大家就能相处得比较和谐。

莫做使他人受屈辱的事

［古罗马］塞涅卡

不做使他人受屈的亏心事足以使你的心绪宁静，不知自我约束的人在生活中将会波折不断，纠纷丛生，他们时刻处在惊慌恐惧之中，一直无法轻松下来，其程度则与他们给予别人的伤害成正比。

他们每次做了亏心之事以后，都是先感到恐惧，然后麻木不仁，而良心则仍然要求他们给予回答，使他们不得安宁，无法从事别的活动。预感到惩罚也就是在罹受惩罚。做了该受惩罚的事就一定会受到将要受到惩罚的影响而寝食难安。某种境况可能使昧心人免受惩处，但不能使他免去焦虑，得到自由。因为他知道即使自己的罪行尚未被发现，也总有被发现的可能。他睡不安稳，每当谈及别人的罪行时，他就会想到自己的罪行，他觉得自己的罪行好像隐藏得很不妥当，难以从人们的记忆中消失掉。犯罪的人有时能够侥幸摆脱跟踪，但他绝不会有这种信心的。

勇气是一种美德

［德国］ 康德①

有胆量的人是不惊慌的人；有勇气的人是考虑到危险而不退缩的人。在危险中仍能保持勇气的人是勇敢的，轻率的人则是莽撞的，他敢于去冒险是因为他不知道危险。知道危险而敢于去冒险的人是胆大的；在显然没有可能达到目的时去冒最大的风险，这是胆大包天。土耳其人将他们的勇士称为亡命鬼。而怯懦则是不名誉的气馁。

惊慌并不是容易陷入恐惧的习惯性特征，因为那种特征被称为胆怯，而是一种状态、一种偶然因素，多半是由于依附于身体上的原因，在一个突然遇到危险面前觉得不够镇定。当一位统帅身穿睡衣仓促之间得知敌人已经逼近时，他也许会在刹那间让血液凝在心房里；而如果某位将军胃里有酸水的话，他的医生会因此将他看做是一个胆小怯懦的人。但是，胆量总是一种气质特点，而勇气是建立在原则上，并且是一种美德。这样，理性可以给一个坚毅的人以大自然有时也拒绝给他的力量。战斗中的惊慌甚至让人产生有益的排便，这导致一个讽刺性的西方成语。但是请注意，在战斗口令发出时慌忙跑进厕所的那些水手，后来在战斗中却是勇敢的。甚至在苍鹭准备与飞临它上空的猎鹰战斗的时候，人们也会发现同样的情况。

忍耐并非勇敢。忍耐是女人美德，因为它拿不出力量反抗。而是希望通过习惯来使受苦变得不明显。因此在外科手术刀下或在痛风病和胆结石发作时呻吟的人，在这种情况下并不是怯懦或软弱，这就好像人们行走时磕碰到一块当街横着的路石一样，这时人们的咒骂不过是一种愤怒的发泄，自然本能在这种发泄中尽力用喊叫将堵在心头的血液分散开来。但美洲的印第安人却表现出一种特殊类型的忍耐，当他们被包围的时候，他们扔下手中的武器，

---

① 康德：(1724～1804)，德国哲学家、德国古典唯心主义创始人。

平静地任人宰割，而不乞求饶恕，在这里，比起欧洲人在这种情况下一直抵抗到最后一个人死去，是否表现出更多的勇气呢？在我看来，这只不过是一种野蛮人的虚荣，据说因为他们的敌人不能强迫他们以啼哭或叹息来证明他们的屈服，这样就保全了他们的种族荣誉。

不认识自我的人只会选择错误

[古希腊] 苏格拉底

　　人们由于认识了自己，会获得很多的好处，而由于自我欺骗，就要遭受很多的祸患。那些认识自己的人，知道什么事对于自己合适，并且能够分辨，自己能做什么，不能做什么，而且由于做自己所懂得的事就得到了自己所需要的东西，从而繁荣昌盛；不做自己所不懂的事就不至于犯错误，从而避免祸患。而且由于有这种自知之明，他们还能够鉴别他人，通过和他人交往，获得幸福，避免祸患。但好些不认识自己，对自己的才能有错误估计的人，对于别人和别的事务也就会有同样的情况，他们既不知道自己所需要的是什么，也不知自己所做的是什么，也不知道他们与之交往的是怎样的人，由于他们对于这一切都没有正确的认识，他们就不但得不到幸福，反而要陷于祸患。但那些知道自己在做什么的人，就会在他们所做的事上获得成功，受到人们的赞扬和尊敬。那些和他们有同样认识的人都乐意和他们交往；而那些在实践中失败的人则渴望得到他们的忠告，惟他们的马首是瞻；把自己对于良好事物的希望寄托在他们身上，并且因为这一切而爱他们胜过其他的人。但那些不知道做什么的人们，他们选择错误，所尝试的事尽归失败，不仅在他们自己的事务中遭受损失和责难，而且还因此名誉扫地、遭人嘲笑，过着一种受人蔑视和挪揄的生活。

　　你看，凡是不自量力，去和一个较强的国民交战的城邦，它们不是变成废墟，就是沦为奴隶。

每一天都应当做我们的末日

[古罗马] 塞涅卡

任何人都应珍视老年时代，热爱老年时代。如果你懂得如何度过老年时代，那它就充满快乐。正是快要下市的果子味道最为鲜美；青春是在它即将逝去的时候最具魅力；是那最后的一杯酒让嗜酒成性的饮者感到快乐，使他达到最大的兴奋，进入忘我的境界；每一次欢乐都是在它行将结束之时才达到高峰。人生最快乐的时期是看到自己生活的下坡路——不是急剧下落——业已开始的年岁。我认为，甚至垂暮之年的人也有着自己的快乐——或者是此时他已不感到有享受快乐的需要了。消磨完人的全部欲望，把所有的欲望统统忘掉，那该有多好！

你可能会说："眼看着自己接近死亡总不是件高兴的事。"对此我要说的是：第一，年青人和老年人一样，也会临近死亡——给我们每个人下的死亡命令，并不取决于我们在出生登记簿上的先后顺序；第二，绝没有一个人会年老得这样，竟至于他希望再多活一天都是非常不近人情的。

因此，每一天都应该看做似乎是我们的末日，就是完成和结束我们生命的日子。帕库维乌斯，即那个根据法律规定获得了去叙利亚的权利的人，习惯为自己举行追悼仪式：喝着葡萄酒，奏着我们很熟悉的那种丧宴音乐，然后让人背到尸架上，又从宴桌抬到床上；与此同时，人们用希腊语唱着颂歌，歌词是："他曾经活过，他曾经活过。"在场的人们则热烈地鼓着掌。他的这种葬礼一天都没有间断过。他出自可耻的动机所做的这种事情，我们出自高尚的动机也同样应该做的。当我们上床休息的时候，我们可以欢乐愉快地说：

我曾经活过，我现在已经完成了
命运在很久以前分配给我的任务。

　　如果上帝让我们多活一天，我们应该高兴地接受。期待着明天而又不为明天是否到来发愁的人，才了解从容超脱的价值，因而也比别人更加懂得幸福。谁要是说过"我曾经活过"，他就会每天早晨起床时都会得到意外的收获。

　　再没有比这话说得更好的了："被强迫的生活是一种不幸，但并没有强迫人去过被强迫的生活。"当然没有。相反，到处都是通向自由的坦途捷径。感谢上帝吧，绝没有人能够被强迫成为生活的囚徒——强迫本身则可能被踏在脚下。

行善更需要勇气

［俄国］托尔斯泰

每当有人问我"如何服务他人？"的时候，我会这样回答："对别人行善，不是捐钱给别人，而是行善。"行善，通常被人们认为是捐钱。但是在我的心目中，行善和捐钱不仅是完全不同，几乎是相反的两件事。金钱本身就是一种罪恶，捐钱就如同行恶。把捐钱当做行善的错误想法，或许在人们行善之时，可以让人们逃离拥有金钱的罪恶感，然而捐钱的举动，却只能稍微让人们减少一点罪恶感。真正的行善，是为别人做好事。为了了解对别人来说什么事是好事，我们必须在人与人之间，建立亲密的关系。所以，行善不需要金钱。最重要的是，我们要有勇气，暂时抛开生活上没有意义的一些习惯。不要老是担心衣服和鞋子会不会弄脏，不要害怕蟑螂或虱子之类的小虫子，也不要惧怕伤寒、白喉或天花。我们要做的，是亲近衣着褴褛的人，坐在他们的床边与他们闲话家常，让他们感觉到我们一点都不装模作样，一点不骄傲，而且尊重他们、敬爱他们。我们必须在为达到这个目标而舍弃自我的过程中，探索人生的意义。

大方的人会使一切消费恰到好处

[古希腊] 亚里士多德

大方的人是有着科学头脑的人，他要对花费是否适当进行思考，使巨大的消费用得恰到好处。大方的人，其消费是巨大的，同时也是适当的，它的成果同样也是巨大的和适当的，所以巨大的消费和其成果相当，或者超过之。大方人的消费是为了高尚，这是各种德性所共有的特点。并且他是高高兴兴的、任意放手的，因为斤斤计较乃是小气。他所注意的多是怎样更好、怎样更适当，而不是怎样更节省、怎样更少用。所以大方的人当然是慷慨的人，慷慨的人以应该的方式消费在应该的对象上。

大方的人，重点在一个"大"字上。慷慨的人做着同样的事情，这里所指的只是大小。一个大方的人做出更巨大、更适当的成果。

所有物的德性和成果的德性并不是一回事。所有物的受重视在于它的最高价值，如黄金。成果的受重视则在于它的伟大和高尚（因为对这些东西的思辨使人好奇，而伟大而又适当的东西是最令人好奇的）。而成果的德性就在大小之中。我们所说的德性是一种荣誉。例如对敬神事业的消费，备办供品，修造庙宇，以及其他宗教活动。此外还有公共福利的消费，这都是人所羡慕的事情，例如，有的地方鼓励人们去打造华美的战车，修建三楼船，以及备办城邦的庆典等等。如我们所说，所有这一切都须与消费相符合，合乎消费者的地位和财产。价值不但要与成果相适应，而且要与消费者相适应。所以，一个贫穷的人是不会大方的，大量的消费与他的所有物是不适应的，如若他着手做这样的事情，就是傻气，他既没有力量，也不应该做这类事情。正确的行为才是合乎德性的行为。这类事情只适合那样一些人，他们的产业是由自身挣得，或从祖先亲朋那里取得；只适合于那些出身高贵、德高望重的人物，因为所有这一切都具有巨大的价值。只有这样的人才能成为大方的人。

如我们所说，大方表现在大量消费中，这才是最伟大的、最光荣的。在私人方面，这样的大量消费，一生也许只有一次，如婚礼以及类似的事情。它能使全城上层人士急不可耐，如有关外宾的迎接和欢送，赠礼和礼品的交换。

一个大方的人消费不是为了自己，而是为了公众，把礼品当做和祭品一样。一个大方的人，还要建造一所与他财富相称的房屋（房屋就是一件完美的装饰品）。此外，他还要在那些经久耐用的物件上花费更多，因为耐用的东西都是最美好的。他还要与个别情况相适应。既然各种消费其数量因消费的种类不同而不同，那么最大的大方就是在巨大成果中的巨大的消费。成果上的巨大和消费上的巨大是有区别的（一只球、一个罐作为孩子的礼物是很合适大方了，但所费不多）。这样看来，一个大方的人，不论办什么事情都要大大方方地来办（这是个不可偏离的准则），使其价值与成果相适应。

一个大方的人就是这个样子。那过度的人、傻气的人，如我们所指出，花费超过了应有的限度，呆头呆脑地花大钱。他用婚礼的筵席来招待他的朋友，他为喜剧提供乐队，让人们穿着紫袍上场，如在麦加拉所做的那样。他之所以这样做，并不是为了什么高尚的目标，而是为了显示自己的财富，他以为人们会由此而惊羡。在应该多花费的地方他用得少，在应该少用的地方他花得多。一个小气的人在一切方面都不及。即使他用了巨大的花费，却为了省点小钱而把事情弄坏。他总踌躇不定，总以为可以少用些，尽管如此，他不抱怨，所做的一切事情花费都超过了应有的限制。

真假单纯

[法国] 弗朗索瓦·费奈隆①

单纯是灵魂中一种正直无私的品质。与真诚比起来，单纯显得更高尚、更纯洁。许多人真挚诚恳，但却不单纯。他们怕遭人误解，惟恐自己的形象受到损害。他们时时关注自己，反躬自省，处处斟词酌句，谨慎小心。待人接物他们总是担心过头，又怕有所不足。这些人真心诚恳，却不单纯。他们难以同人坦然相处，别人对他们也小心拘谨。他们的弱点在于不坦率、不随意、不自然。而我们则更宁愿同那些谈不上多么正直、多么完美，但是没有虚情矫饰的人结交相处。这几乎已成为世人的一条准则，上帝似乎也以此为标准对人做出判断。上帝不希望我们如对镜整容一般，用太多的心思来审视自身。

但是，完全注意他人而放弃自省亦是一种盲目状态。处于这种状态的人只全神贯注于眼前事物以及个人的感官感受，而这正是单纯的反面。下面是两类正好相反的事例：其一是无论效力于同类还是上帝，均全身心地忘我投入；另一类是自以为含蓄聪颖，自我意识强烈，而一旦他得意自满的情绪受到外界干扰，便会魂不守舍、心烦意乱。因此，这是虚假的聪明，乍一看冠冕堂皇，实际上与单纯追求享乐的行为同样愚蠢。前者目光短浅，只陶醉于眼前的事物；后者却过分看重自身，陶醉于内心的占有。这两者都充满虚妄。相比起来，只注重内心的冥思独想比全神贯注于眼前事物更为有害，因为它貌似聪明而实则愚蠢，而且，它常诱人误入歧途，自以为是，引一孔之见为

---

① 弗朗索瓦·费奈隆：(1651—1715)，法国作家、教育家、天主教大主教。出自贵族家庭，从小学习拉丁和希腊文。1693 年当选为法兰西学院院士，两年后被国王任命为康布雷大主教。因发表《泰雷马克历险记》遭遇易十四贬黜后，主要从事著书立说。其名作除《泰雷马克历险记》外，还有《论女子教育》、《死者对话录》、《寓言集》、《致学院书》等。

至上光荣。它使我们受着不自然的情绪的支配，让我们陷人一种盲目的狂热，自认为体魄强健，实则已病人膏肓。

单纯需要适度，我们身处其中既不过度激动，亦不过分沉静。我们的灵魂不会因为过于注重外界事物而无暇做必要的内心自审，亦不必时时注重自我，使一心维护个人形象的戒备之心扩张膨胀。要是我们的灵魂能挣脱羁绊，直视伸展的道路，不将宝贵的时间浪费在权衡研究脚下的步伐上，或者对已逝的岁月频频回头，那我们就拥有了真正的单纯。

让灵魂主宰万物

［法国］蒙 田

"骚扰我们的，是我们对于事物的意识，而不是事物本身。"一句古希腊格言这样说（埃壁提德）。假如这句格言能够被我们事事处处都树为真理，我们这可悲的人类生存状态至少可得一大改变。因为如果恶单是由我们的判断来侵害我们的，我们完全可以对它们不屑一顾，或有把他们化为善的可能。如果事物是在我们掌握之中，为什么我们不支配它们，或利用它们呢？我们所认为的恶与痛楚本身并不是恶与痛楚，而是我们的想像把这种品质加给它们的，我们当然有改变它们的权利。既可以选择，又没有什么外物强迫我们。我们真愚蠢不过，如果我们偏要选择那苦闷的路走，就会把一种苦恶的味儿加诸疾病、窘乏和侮慢的身上，而我们完全也可以把好的加给它们；命运只供给我们内容，我们只把形式给它们。我们之所谓恶并非恶，或者——其实只是另一说法——即使所谓恶是恶了，最低限度我们可以任意给它们另一种气味，另一副面孔。

如果我们所畏惧的这些事物的本质就是它们倒成了我们的主宰，那么，就会无论在谁身上都如此类似，无一例外，因为一切人都是同类，而且，除了多少之分，总具有同样的判断与理解的本能与手段。可是我们对于这些事物的意识之分歧显然证明它们是得到我们的接受与认同才在我们脑子里生根的。这样，某一个人包藏着它们的真体，而千百个人却给它们一个新的相反的形状。为什么正直、勇敢、豪爽和果断这些品质受人推崇呢？如果没有痛苦作对，它们又将于何处显示它们的本领呢？塞涅卡说得好："勇敢贪危难。"如果没有睡硬地、穿盔甲晒着正午的烈日，啖马肉、喝驴血，眼见子弹从我们身上夹出来，任火灸、针探、线缝我们的伤口等事，我们和一般常人又有什么分别呢？

逃避痛苦及灾祸，与先贤所说的"同价值的事业中，那最困难的最引人

企图"这话相去不能以道里计。"因为严肃的人的幸福并不在于风流游乐与欢笑等轻佻的伴侣，而在于坚忍与刚毅。"（西塞罗）为了这缘故，无论如何也不能说服我们祖先那在战争的艰险里用臂力博得的胜利不比那在万全中由心机和口舌得来的更宝贵。

功业的代价越昂贵，滋味越绵长。何况还有这种人生的真理安慰我们："痛得厉害的必短，痛得长久的必轻缓。"（西塞罗）你将不觉其久，如果你觉得它厉害；它不会结果自己也结果你，二者其实是一回事。如果你背不起它，它将把你背走。"不要忘记最大的痛苦止于死，较轻的有无数的间歇，而我们可以驾驭那些和缓的；所以，如果它们还可以忍受我们就忍受，否则我们可以随时离开这生命，与戏剧不中我们意的时候离开剧场无异。"（西塞罗）

我们之所以觉得痛苦难受完全因为我们不习惯在我们灵魂深处寻求乐趣，而且不充分信赖它是我们行为与生活的惟一至尊的主宰。我们的肉体，除了度数的长短，只有一条路径，一个倾向。灵魂的方式却千变万化，把肉体的感觉和种种的事变，无论大小，都隶属于它或它权威之下。所以我们应该体察我们的灵魂，试验它的力量，鼓动使它动作的弹簧。无论什么理由，命令和力量都不能有反抗它的志向和选择。它所具备的千万策略中，我们只要接受一条适宜我们的宁静和安全的，那么，它就不能侵害我们，如果它喜欢，我们还会觉得凶恶和损伤可喜和令人感激。无论什么它都毫无区别地利用来谋求自己的利益。谬妄、幻梦都很有用地服从它的意旨，与正当的事物一样地把满足与安全带给我们。

这是显而易见的事：使我们的苦乐尖锐化的，是我们，心灵的锋刃。禽兽的心灵是被钳制住的，把它们浑噩和自由感觉完全交托给肉体，所以每个种类亦只有一个差不多相同的感觉，由它们举动的一致便可以看出。如果我们在自己的肢体里不惊扰那隶属于它们的权限，我们也许会更自在，因为自然赐给它们一个对于苦乐比较合理与温和的品性，而这品性既然是对于人人都普遍平等的，就不会不合理。但是我们既然摆脱了它的律法，以耽溺于我们幻想的放纵的自由里，我们至少要把它们屈向那令人最畅适的一方面。

柏拉图怕我们受苦乐的羁绊太牢，因为，它把灵魂太严酷地束缚和维系于肉体，我却以为正因为它把灵魂解脱和放松。

正如敌人因我们逃遁而越凶猛，痛苦看见我们为它颤栗而越骄横。它会比较容易让步去投降那与它争持的人。我们要扎紧自己的腰去与之抗衡。退

让与逃遁都可以邀致和招惹那恫吓我们的毁灭。正如肉体挺直起来更能坚持，灵魂亦然。

所以昌盛与窘乏全在于每个人的意念。无论富裕、光荣或健康都不能具有比我们所赋予它的更多的美妙和快乐。每个人的处境佳否全视他自己感觉。相信自己快乐的人便是快乐的，而不是那个世界相信他是否是这样的人。只有这相信决定它的真伪。

命运对于我们并无所谓利害，它只供给我们利害的原料和种子，任那比它坚强的灵魂随意变转和应用，因为灵魂才是自己的幸与不幸的惟一主宰。

外物因本体而有色味，正如衣服可以保暖，并非衣服本身有什么温热，它们只能掩护和保持这温热罢了。如果用它们来掩盖冰雪，对于冰雪亦有同样的效用。

正如勤学对于懒人是苦事，戒酒对于醉汉是苦事，节俭对于浪子是刑罚，体操对于娇养和闲散的人是痛苦，其他亦然。事物本身并没有什么辛苦和艰难；只是我们的怯懦和软弱使然。判断崇高伟大的事物须有崇高伟大的灵魂，否则我们会把自己的弱点当做他们的弱点，正如一支直的桨在水中映出弯曲的倒影。对于一切，重要的不仅在于看见，而在于怎样看见。

肯进忠言的人才是最可靠的朋友

［阿拉伯］《一千零一夜》①

仇人就是敌人，对付敌人，可以提高警惕，也可以据理力争，出奇制胜；可是对待朋友，除了以诚相待，是没有更好的办法的。感情破裂之后，是找不到法官来判断是非曲直的。我们应该从两方面选择结交朋友。对知行合一、言行合一的朋友，必须诚心诚意地爱护他，尊敬他。如果发现对方的缺点，应该谅解他，劝他改正。要认真珍惜友谊，不可轻易绝交。知心朋友间的感情，恰如一块玻璃。感情一旦破裂，跟打破玻璃无异，受伤的心情不易复原，跟破碎的玻璃不可修复正是一个道理。诗人吟得好：

必须尽力保护心神，
避免遭受耗损，
否则就不可能恢复。
受创伤的心灵和打破的玻璃，
彼此之间并无差别。
医治受伤的心灵和修复打碎的玻璃，
两者都不容易。

更重要的是，应从自己身边的人中，摒弃无知愚顽和口是心非的人，然后从剩下的人中，选择忠诚老实者，做一般的、泛交的朋友。因为朋友一词原是从诚实这个字根中演变出来的；而诚实应该是从心坎里抒发出来的心理表现。一般无知愚顽的人，是非不明，好歹不分；一般口是心非的人，言不

---

① 《一千零一夜》：旧译《天方夜谭》。阿拉伯著名民间故事集。内容包括：寓言、童话、恋爱故事、冒险故事、名人轶事等。这些故事经过不断地锤炼。已广为流传。

由衷，胡言乱语，惯于颠倒黑白，欺世骗人，他们都不诚实，所以够不上朋友资格。这种人，连他们的父母、亲戚，都应该回避他们。

朋友中最可靠的是肯进忠言的人；工作中最可贵的是有成果的行为；颂词中最有价值的是男人口中称誉。有人说："作为一个奴婢，应该对安拉随时表示感谢；从自身的健康和智慧两方面来说，更不应该忘记安拉给予的恩惠。"前人说过："惟克己修身的人，可以控制私欲。"不肯化小事为无事的人，必然会惹火烧身。谁私心自用、随心所欲，结果是自己作孽，抛弃应有权利。谁听信谗言，他就得牺牲朋友。对自己表示好感的人，必须给他适当的信任。谁爱争论、好口角，他就会违法乱纪。不克制暴虐、恶霸行为，难免不遭杀身的罪罚。

道德的瘟疫

[古希腊] 朗吉弩斯

挑剔现在是十分容易、十分合乎人之常情的。但是你可以考虑一下，究竟天才的败坏是应当归咎于天下大乱，还是应当归咎于我们内心的祸乱。那无穷无尽的占住了我们全部意念的内心的祸乱，并且更进一步归咎今天围攻我们，蹂躏和霸占我们生活的情趣。

难道我们不是为利欲所奴役，我们的事业不是为利欲所摧毁的吗？利欲在我们内心疯狂地发作着而且永不平息的热病。加上享乐的贪求——两种心病，一种使人卑鄙，一种使人无耻。我考虑到这点，我简直想不出办法去关上我们（我们这种如此恭敬，简直崇拜豪富的人）的灵魂之门而不让那伙恶鬼闯入。无法计算的财富总是为挥霍所追随。她（挥霍）紧盯着他（财富），亦步亦趋。他一开启城市或人家的大门，她就和他一起进去，与他同居。他们在那里成家不久，就很快地生育繁衍，生下浮夸、虚荣和放荡这些嫡亲儿子。如果让这伙财富的儿女长大成人，他们就会在灵魂中迅速产生那批残忍的暴君：强暴、无法无天和无耻。凡人一崇拜了自己内心的会腐朽的、不合理的东西，就再不去珍惜那不朽的东西，上述情况是不可避免的结果。他再也不会向上看，他完全丧失了对荣誉的关心，生活的败坏在逐步进展着，直到全面完结。他灵魂中一切伟大的东西渐渐褪色、枯萎，以致为他自己所鄙视。如果一个受贿判案的审判官再也不能以公正清廉等品德做出可靠公正的判断（因为一个受贿的人必然从自己的利益出发来衡量清廉公正），今天的我们还能盼望（我们每个人的整个生活由贿赂所统治，我们伺侯人家的死亡，力图如何在其遗嘱中获得地位；我们收受好处而不管其来源；我们的灵魂浸在肮脏的贪欲里），在这样一场道德的瘟疫中，我要说，我们还能盼望，有这么一个明达的、不偏不倚的裁决者剩下吗？唉！我生怕，我们这种人可能听人使唤比自由自在更合适一点。如果我们的嗜欲任其流毒邻邦，它们将会犹

如出笼的野兽，为整个文明世界带来洪水般的灾难。

　　当代的天才为那种冷淡所葬送，这种冷淡，除去个别的例外，是在整个生活里流行着的。即使我们偶然摆脱这个冷淡而从事于工作，这也总是为了求得享乐或名誉而不是为了那种值得追求和恭敬的，真实不虚的利益。

卑贱者与高尚者之别

［德国］尼　采①

卑贱者的眼睛总是只盯着自己的利益，一心想着实惠和好处。这思想甚至比他内心最强的本能还要强烈。他绝不让本能误导自己去干没有实惠的事，这便是卑贱者的智慧和情感了。和卑贱者相比，高尚者更不冷静，因为高尚、大度、自我牺牲的人屈从于本能，他们在最佳时刻便会失去冷静。一只动物会冒着生命危险去保护幼仔、在发情季节追随母兽会不计死之将至，毫不顾及艰危。它的理性暂时失落了，因为它的愉悦全部贯注在幼仔和母兽身上，而且担心这愉悦会被剥夺。愉悦和担心完全控制着它，它会比平时愚蠢。高尚、大度者的情形与此动物相类似。

一旦高尚者某些愉快的情感趋于强烈，其理智要么对它保持缄默，要么屈从地为它们服务。情感爆发，心就进入脑，就出现人们常说的"激情"。这是非理智的激情。卑贱者对高尚者的激情相当藐视，尤其当这激情向着客体而发。在他们看来，客体的价值是虚无飘渺的。

---

① 尼采：(1844～1900)，德国唯心主又哲学家，唯意志论者。主要著作有《悲剧的诞生》、《善恶的彼岸》等。

认识错误是拯救自己的第一步

〔古罗马〕 塞涅卡

你以为你是惟一经历过悲伤和沮丧的人吗？即使异国的风光都未能使你摆脱悲哀和沮丧之情吗？不，这并不奇怪，因为你需要的是改变性格，而不是改变环境。虽然你度过了无边无际的海洋，用诗人维吉尔的话来说，"陆地和城市都留在了后面"，但无论你的目的地是在哪里，你都总是被你的过失、缺点所跟随。曾经有人发出同你一样的抱怨之声，苏格拉底便对他自己说道："你总是随身携带着你自己精神的负担，又怎能惊讶于你的旅行未能给你带来幸福？正是驱你向前的东西本身成了压在你身上的重担。"新奇的外部环境和领略国外城市风光，那能有什么帮助呢？到处瞎逛瞎荡，到头来总是徒劳无益。如果你想知道离家出走为什么不能对你有所帮助，那么回答不过是这样的一句话：你离开了家，但并未摆脱自我。你必须卸下你的精神负担才行，否则是不会有哪个地方使你感到满意的。如果你现在的处境像那位女预言家的情况，维吉尔对她的描写是：神智清醒，心情激动，被一种并非她自己的精神所欺骗："像一个鬼迷心窍的人一样胡言乱语，出于梦想，她可能驱逐自己心中那伟大的神灵"。你到处冲撞，是想卸去牢系在你身上的重负，但其结果只会使它给你造成更多的烦恼——这像是船上的货物，如果不去搬动就会将船没入水中。假如无论干什么都于你不利，那就是行动本身对你有害，因为你实际上是在猛烈地摇撼着一个病人。

一旦你消除了心头的痛苦，无论眼前是什么样的场景，都会给你带来快乐。你可能被放逐到天涯海角，但无论在世界的哪个偏僻角落，你都会觉得自己有个安身立命之地，都会感到那里就是你的家，而不管它可能是个什么样子。你来到的是什么地方并不要紧，重要的是你到达之时自己是怎样一种人。所以我们应永远倾心于世界的任何一块地方，而必须带着这个信念生活："我不是为某个特别的角落而生，整个世界就是我的家园。"如果你明白这个

道理，你就不会对旧环境产生厌倦而不断奔向新的环境。不管你身在何处，只要你相信它就是你的家，它就会使你感到满意。但如果你无法理解这一切，你就并非是在旅行，而是到处流浪，四方漂泊。然而你所要寻找的东西，亦即美好幸福的生活，却是到处都有的。

　　还有比罗马城更为动荡骚乱的地方吗？但即便在那里，如果需要的话，你仍然可以随意过上宁静的生活。要是可以自由选择居住之所的话，我会从这附近的地区远远地逃离开去，更别说离开罗马城了。我要让它远离我的视线，因为这里的气候令人很不愉快，甚至体质最强的人都忍受不了。其他方面也同样对于头脑无所裨益，因为即使是健全的头脑，也还是处于不够完美的状态，还有待更加成熟。有些人的主张我是不赞成的，他们提倡急风暴雨式的生活，鼓吹迎风斗浪，一生日复一日地对人世间的障碍发起精神上的进攻。智者情愿容忍这些障碍，也不会不怕麻烦地对付它们，因为他们宁愿要和平状态，不要战争状态。一个人要是老指责别人的缺点，同人争论不休，就算他设法摆脱了自己的缺点，这对他也没有很大的意义。人们将告诉你："苏格拉底头上压着 30 个僭主，但他们却未能折服他的精神。"一个人有多少主人，这有什么要紧呢？奴隶制只有一种，但不受奴隶思想影响的人都是自由人，纵使他周围有一大群主人。

　　"认识错误是拯救自己的第一步。"我认为伊壁鸠鲁的这句话说得非常正确。因为一个人要是尚未认识到自己在做错事，他是不会有改正错误的愿望的。在改正错误以前，你得发现和承认自己犯了错误。有些人吹嘘自己的错误，你能设想那把自己的毛病当美德的人会想到要去医治他的毛病吗？因此你要——就你所能——暴露你的罪行，要把对你的审问引向所有的对你不利的证据。你要首先当原告，然后做法官，最后才做辩护律师。有时候必须对自己严厉些。

拥有现在的人是最富有的人

[古罗马] 马可·奥勒留

虽然你打算活3000年，活数万年，但还是要记住：任何人失去的不是什么别的生活，而只是他现在所过的生活；任何人所过的也不是什么别的生活，而只是他现在失去的生活。最长和最短的生命就如此成为同一。虽然那已逝去的并不相同，但现在对于所有的人都是同样的。所以那丧失的看来就只是一单纯的片刻。因为一个人不可能丧失过去或未来———一个人手里没有东西，有什么人能从他手里夺走呢？这样你就必须把这两件事牢记在心：一是所有来自永恒的事物犹如形式，是循环往复的，一个人是在100年还是在2000年或无限的时间里看到同样的事物，这对他都是一回事；二是生命最长者和濒临死亡者失去的是同样的东西。因为，惟一能从一个人那里夺走的只是现在。如果这是真的，即一个人只拥有现在，那么一个人就不可能丧失一件他并不拥有的东西。

超过限度的欲望是悲痛的根源

[印度] 克利希那穆尔提

　　难道你从来不想知道引起你自己悲痛的根源吗？什么是悲痛？为什么它存在着？如果我想要得到某件东西，却又不能得到它，我就会感到难过；如果我想得到更多的莎丽、更多的钱，或者如果我想更漂亮，又无法得到，那么我就会不高兴；如果我想要爱某个人，而那个人不爱我，那么我就会难过。我父亲死了，我会处于悲痛之中。为什么这样？

　　当我们得不到自己想要的东西时，为什么会感到不幸？为什么我们必须得到我们想要的东西呢？我们认为这是我们的权利，不是吗？但是我们是否问自己，当许多人从来未曾得到过我们所需要的东西时，为什么我们就应该得到我们想要的东西呢？而且，为什么我们想要得到它？我们有所需的食物、衣服和住处，但我们对此不满足。我们想要更多。我们想要成功，想受到尊重、被爱、被看得起，我们想要成为有权势者，我们想要成为著名的诗人、圣徒、雄辩家，我们想要成为首相、总统。为什么会这样？你是否探究过？为什么我们想要这一切？这并不是说我们必须知足，我不是这个意思，那是丑陋的、愚蠢的。但是，这种不断的渴望为什么会越来越多呢？这种渴望意味着我们是不知足的、不满意的，但是，怎样我们才会满意呢？我们知足于什么呢？我是这样，但我不喜欢这样，却想成为那样。我以为穿上一件新大衣，或一件新莎丽，我就会更加漂亮，因此我想要得到它。这就意味着我们不满足于自己，并且我认为通过得到更多的衣服、更多的权力等等，我就能摆脱我的不满足。但是，这种不满足是依然存在的，不是吗？我只不过是用衣服、权力、汽车掩盖了它。

　　因此，我们必须弄清楚怎样认识我们自身。仅仅是用财富、权力、职位来掩盖我们自己是毫无意义的，因为我们将仍然是不幸的。看着这不幸的人、这处于悲痛中的人，他并没有投入他的保护人的怀抱，他也不肯躲蔽到财富

和权力之中，相反，他想要知道在他悲痛后面的是什么。如果你要探究你所拥有的悲痛，那么你会发现，你是非常渺小的、空虚的、有限的，而且你正在努力去获得，去成为某种东西。正是这种索取，想成为什么的奋斗是悲痛的根源。但是，如果你开始去认识真正的自己，深入于其中，那么，你会发现一些完全不同的事。

谈话要掌握分寸

［英国］培根

有些人讲话，只图博得机敏的虚名，却对真理的讨论莫不关心，仿佛语言形式比思想实质还有价值。有些人津津乐道于某种陈词滥调，而其意态却盛气凌人。这种人一经识破，就难免成为笑柄。真正精于谈话艺术者，是善于引导话题的人，同时又是那种善于使无意义的谈话转变方向的人，这种人可算做社交谈话中的指挥师。

单调无聊的谈话只会令人生厌，因此善于言谈者必善幽默。但这种幽默，并不意味着对一切事物都可以拿来打趣。例如关于宗教、政治、伟人以及别人的令人同情的苦恼等等，决不应用做话题加以取笑。在有的人看来，如果说话不够刻薄，便不足以显示自己聪明，其实这种习性应该加以根绝。正如古人关于骑术所说的："要紧挈缰绳，但少打鞭子。"

那些喜欢出口伤人者，恐怕常常过低估计了被害者的记忆力和报复心。谈话中善于提问，必有很多收益。而所提出的问题，如果又恰是被问者的特长，那就比直接恭维他还有利。这不仅能使听者获得教益，也能使被请教者感到愉快。但提问应当掌握好分寸，以免使询问变成盘问，使被问者难堪。作为主人，应当使在座的每个人都分享发表意见的机会，以免有人产生被冷落之感。遇到有人独占谈局，主人就应当设法将话题转移。还要记住，善于保持沉默也是谈话的一种艺术。因为如果你对于你所了解的话题不动声色，那么下次遇到你所不懂得的话题，你保持沉默，人们也不会认为你无知。

关于自己个人的话题应尽量少讲，至少不要讲得不得当。我有个朋友，他总用这样的话讽刺一个自吹自擂的人，说："此公真聪明，因为他居然对自己无所不知。"人只有在这样一种形式下宣扬自己，才可以不招致反感，这就是以赞扬他人优点的形式来衬托自己的优点。谈话的范围应当广泛，好像一片原野，每个人行走其中都能左右逢源。而不要成为一条单行道，只能容纳

自己一个人。谈话时切不可出口伤人。我有两位贵族朋友，其中一位豪爽好客，就是喜欢骂人。于是另一位便经常这样询问那些参加过他家宴会的人："请说实话，这次席上难道没有人挨骂吗?"等客人谈完，这位贵族就微笑说："我早猜到他那张嘴，能使一切好菜改变味道。"

关于谈话的艺术还应当了解：温和的语言其力量胜过雄辩。不善答问者是笨拙的，但没有原则的诡辩却是轻浮的。讲话绕弯子太多令人厌烦，但过于直截了当又会显得唐突。能掌握此中分寸的人，才算精通了谈话的艺术。

友谊只能存在于好人之间

[古罗马] 西塞罗

人们所寻求的、能保证友谊永恒不变的品质是什么呢？那就是忠诚。任何缺乏忠诚的友谊都是不能持久的。而且，我们选择朋友时还应当找那种性格直爽、友善且富有同情心的人，能和我们一样为某一事物所感动的人。所有这些品性都有助于保持忠诚。你决不能信赖一个老谋深算、城府很深的人。而且事实上，一个人如果没有同情心，不能和我们一样为某一事物所感动，他也就不可能是值得信赖的和坚定不移的。我们还可以补充一点：他不但自己不应当以指责我们为乐事，而且，当别人指责我们时也不应当予以相信。所有这些都有助于形成我一直在试图描述的那种忠贞的品格。而结果便是我所说的：友谊只能存在于好人之间。

我说的"好人"是指这样一些人：他们的行为和生活无疑是高尚、清白、公正和慷慨的；他们不贪婪、不淫荡、不粗暴；他们有勇气去做自己认为正确的事情。这种人之所以被称为"好人"，因为他们尽人之所能顺从"自然"，而"自然"则是善良人生的最好向导。

好人（可以被看做相当于智者）在其对待朋友的态度方面总是会表现出两个特征。第一，他完全没有虚情假意，因为性格直率的人宁可公开表示厌恶，也不愿意装出一副笑脸掩盖自己的真情。第二，当朋友受到别人指责时，他不仅会加以驳斥，而且他本人也不会怀疑，或者说，他总是认为他的朋友决不会做错事情。此外，言谈举止的温厚也能给友谊增添不少情趣。阴沉的气质和始终如一的严肃固然可以给人留下很深刻的印象，但是友谊应该少一点拘束，多一点宽容谦和，并且应该更趋向于各种友善和温厚的性格。

但是这里出现了一个小小的难题：正像我们喜欢小马而不喜欢老马一样，是否有时我们也会认为新友比老友更好呢？答案是毫无疑问的。因为友谊不像其他东西，它是不会餍足的。朋友犹如美酒，越陈越醇。有一句俗话说得

很对："对一个人只有长相知，才能与其结为生死之交。" 其实，新的友谊也有其长处，我们不应该看不起它。它犹如绿油油的禾苗，总有希望结出果实。但是老朋友也应当有其适当的地位；而且事实上，时间和习惯的势力是非常大的。再拿我刚才所举的马的例子来说：如果其余情况均相同，那么每个人都喜欢用自己骑惯了的马，而不喜欢骑没有经过训练的新马。这条规则不仅适用于有生命的东西，而且还适用于无生命的东西。比如说，我们对于久居之地总怀有某种爱恋之情，尽管它们是多山且为森林覆盖的。然而友谊的另一条重要规则是：你应当和朋友平等相处。因为常常会出现这样一种情况：有一些人处于优越的地位，比如像西庇阿，他是"吾侪"中地位最高的人物。但是他对菲勒斯、鲁庇利乌斯、穆米乌斯，或其他地位比他低的朋友从不摆任何架子。例如，他的哥哥昆图斯·马克西穆斯虽然毫无疑问也是一个有名的人物，其实地位没有他高，但是他总是很敬重他的哥哥，因为他比他年长，他还常常希望他的所有朋友都能因为他的帮助而更加体面。这一点是我们都应当效法的。如果我们中间有谁在个人品质、才智或财产上有任何胜于他人的地方，那么，我们就应当乐于让我们的朋友、合伙人和同伴分享其惠。

思想的人是伟大的人

〔法国〕 帕斯卡尔

思想形成人的伟大。

人只不过是一根苇草，是自然界最脆弱的东西；但他是一根能思想的苇草。用不着整个宇宙都拿起武器来才能毁灭；一口气、一滴水就足以致他死命了。然而，纵使宇宙毁灭了他，人却仍然要比致他于死命的东西更高贵得多；因为他知道自己要死亡，以及宇宙对他所具有的优势，而宇宙对此却是一无所知。

因而，我们全部的尊严就在于思想。正是由于它而不是由于我们所无法填充的空间和时间我们才必须提高自己。因此，我们要努力好好地思想，这就是道德的原则。

能思想的苇草——我应该追求自己的尊严，绝不是求之于空间，而是求之于自己的思想的规定。我占有多少土地都没有用；由于空间，宇宙便囊括了我并吞没了我，有如一个质点；由于思想，我却囊括了宇宙。

人既不是天使，又不是禽兽；但不幸就在于想表现为天使的人却表现为禽兽。

思想——人的全部的尊严就在于思想。

因此，思想由于它的本性，就是一种令人惊讶的、无与伦比的东西。它一定得具有出奇的缺点才能为人所蔑视；然而它又确实具有，所以再没有比这更加荒唐可笑的事了。思想由于它的本性是何等地伟大啊！思想又由于它的缺点是何等地卑贱啊！

然而，这种思想又是什么呢？它是何等愚蠢啊！

人之所以伟大，就在于他认识到自己可悲。一颗树并不认识自己可悲。

因此，认识自己可悲乃是可悲的；然而认识我们之所以可悲，却是伟大的。

这一切的可悲其本身就证明了人的伟大。它是一位伟大君主的可悲，是一个丢失皇位的国王的可悲。

我们没有感觉就不会可悲；一栋破房子就不会可悲。只有人才会感到自己可悲。

人的伟大——我们对于人的灵魂具有一种如此伟大的观念，以致我们不能忍受它受人蔑视，或不受别人的灵魂尊敬；而人的全部幸福就在于这种尊敬。

人的伟大——人的伟大是那样的显而易见，甚至于从他的可悲里也可以得出这一点来。因为在动物是天性的东西，我们于人则称之为可悲；由此我们便可以认识到，人的天性现在既然有似于动物的天性，那么他就是从一种为他自己一度所固有的更美好的天性里而堕落下来的。

因为，若不是一个被废黜的国王，有谁会因为自己不是国王就觉得不幸呢？人们会觉得保罗·哀米利乌斯不再任执政官就不幸了吗？正相反，所有的人都觉得他已经担任过执政官已经很幸福了，因为他的情况是不得永远担任执政官的。然而人们觉得柏修斯不再做国王却是如此之不幸，因为他的情况就是永远要做国王，以致人们对于他居然能活下去感到惊异。谁会由于自己只有一张嘴而觉得自己不幸呢？谁又会由于自己只有一只眼睛而不觉得自己不幸呢？我们也许从不曾听说过由于没有三只眼睛便感到难过的，可是若连一只眼睛都没有，那就怎么也无法慰藉了。

在已经证明了人的卑贱和伟大之后——现在就让人尊重自己的价值吧。让他热爱自己吧，因为在他身上有一种足够美好的天性；可是让他不要因此也爱自己身上的卑贱吧！让他鄙视自己吧，因为这种能力是空虚的；可是让他不要因此也鄙视这种天赋的能力。让他恨自己吧，让他爱自己吧：他的身上有着认识真理和获得幸福的能力；然而他根本没有获得真理，无论是永恒的真理，还是满意的真理。

因此，我要引导人渴望并寻找真理并准备摆脱感情而追随真理（只要他能发现真理），既然他知道自己的知识是彻底地为感情所蒙蔽；我要让他恨自身的欲念——欲念本身就限定了他——以便欲念不至于使他盲目做出自己的选择，并且在他做出选择之后不至妨碍他。

持久的幸福之惟一保证——良好的性格

［古罗马］ 塞涅卡

不要再贪图那些使你精神恍惚的快乐了，它们是要你付出昂贵的代价的——这种快乐危害于你不仅在你期待得到它们之时，甚至在它们已经结束和过去之后。因为本质邪恶的快乐往往过后还使人感到很不满足，正如罪犯在犯罪之后，即使始终没有被人发现，其犯罪欲望也并不消失，并继续在邪恶的深渊挣扎。

这种快乐既不真实又不可靠，纵使并不给人造成损害，也具有转瞬即逝的特点。还是寻求某种持久的幸福吧。但除了精神为了自身而在自身中发现的东西之外，再没有别的什么可以称得上持久的幸福。持久的、无忧无虑的幸福之惟一的保证是良好的性格。在这条幸福之路上，即使出现某种障碍，也只是好比浮云蔽日，阳光终于会照耀大地的。

分辨生活之路的意志

［俄国］ 托尔斯泰

一个人打着灯笼在黑夜里行走，艰难地辨认着道路，迷失了又走回来。后来这个人厌倦了总是分辨道路，吹灭了灯笼，干脆走到哪儿算哪儿。

当一个人用烟草、酒及鸦片麻醉自己的时候，情形不也是这样的吗？生活中的道路很难辨认，为了防止迷失，每当走偏了，就再尽力挣扎到正路上来。但后来人们为了避免辨认道路的麻烦，便用吸烟和酗酒来熄灭自己心中惟一的光亮——理性。

为什么不同的人有着不同的习惯，而吸烟和酗酒的习惯却在所有人身上，不管富人还是穷人，都一样存在呢？这是因为，大部分人对自己的生活都不满意。而人们不满意自己生活的原因是，他们所寻找的都是肉体的满足。而肉体是永不满足的，由于这种贪欲，不管是富人，还是穷人，都极力在酗酒中沉迷于忘却。

无论在任何时候，谁也不会喝醉了酒、抽足了烟，为的是去做好事：如工作，思考问题，看望病人，向上帝祷告。大多数邪恶的事都是在醉醺醺的状态下干出来的。

成就一生的品格修炼经典

161

才智有限的人易生厌倦

[德国] 叔本华

亚里奥斯图说："无知人的闲暇是多么可悲啊！"而如何享受闲暇实是现代人的最大问题。平常人仅思如何去"消磨"时光，有才华的人却"利用"时光。世上才智有限的人易生厌倦，因为他们的才智不是独立，仅用来做施行意志力的工具，以满足自己的动机；他们若没有特殊动机，则意志无所求，才智便也休息了，因为才智与意志都需外物来发动。如此闲暇的结果会造成各种能力可怕的停滞，那就是厌倦。

为了消除这种可悲的感觉，有些人求助于仅可取悦一时的琐事，试图从各种无聊的琐事中得到刺激，好发动起自己的意志，又因意志尚需才智之助方能达到目的，所以借此得以唤醒停滞的才智。但这些人的动机与真正的、自然的动机比起来，就好像假钱和真钱一样，假钱只能在牌戏中玩玩，是派不上真用场的。所以这种人一旦无事可做，宁可玩弄手指，敲打桌子，抽雪茄，也懒得动脑筋，因为他们根本就不想思考。所以，当今世上，社交界里最主要的营生是玩牌，我认为玩牌不但没有价值，而且是思想破产的象征。因在玩牌时人们不去思考，只想去赢别人的钱。这是何等愚蠢的人啊！但是为了公平起见，我们录下支持玩牌者的意见。他们认为玩牌可作为进人社会和商界的准备工作，因为人可以在玩牌过程中学到：如何灵活地运用一些偶然形成又不可改变的情况（如手中分到的牌）并且得到最好的结果；如何假装，在情况恶劣时摆出一副笑脸，这些是人在社会里必备的手腕。但是我认为，就因牌戏是教人如何运用伎俩与阴谋去赢取他人的东西，所以它是败坏道德的行为。这种由牌桌上学来的习惯，一旦生了根，便会推进现实生活中去，将日常事件和人与人之间的种种关系都视同牌戏，只要在法律之内，人人都无所不用其极。这种例子在商业界中，更是比比皆是。

闲暇是存在必然的果实和花朵，它使人面对自己，所以内心拥有真实财

富的人，才是真正知道如何对待闲暇的人。然而，大多数人的闲暇又是什么呢？一般人把闲暇总当做一无是处似的，他们对闲暇显得非常厌倦，当成沉重的负担一样。这时他的个性，成为自己最大的负担。说到这里，亲爱的兄弟们啊！让我们庆贺吧！因为"我们究竟不是女奴的孩子，而是自由的儿女"。（人该摆脱一切心理的束缚，使自己归向自由。）

去说或做自己还不懂的事是危险的

［古希腊］ 苏格拉底

去说或做自己还不懂的事是十分危险的。试想一下你所认识的许多具有这种性情的人吧，他们明显的是在说或做自己还不懂得的事情。在你看来，像这样的人，是受到赞扬的多呢，还是遭到谴责的多呢？是被人尊敬的多呢，还是受入轻视的多呢？再想一想那些说自己懂得的事并做自己所懂得的事的人吧，我想，你会看出，在所有事情上，凡受到尊敬和赞扬的人都是那些知识最广博的人，而那些受人谴责和轻视的入都是那些无知的人。

如果你真想在城邦获得盛名并受到赞扬，就应当努力对你所要做的事求得最广泛的知识，因为如果你能在这方面胜过别人，那么，当你着手处理城邦事务的时候，你会很容易地获得你所期望的一切。

真才实学，适时矜伐

[西班牙] 葛拉西安

　　嫉妒总是眼观四面，耳听八方，瞧近处不用眼镜，望远也目光锐利，能够察见连真理都看不到的瑕疵。她知道懊恼的滋味，也希望自己能少些发现，因为她知道自己的视力总会在某天将自己的生命掠去。有一天，嫉妒在众鸟眼前掠过，降落于美的极致——带羽的太阳、鸟中朱诺（Juno，罗马人信奉之最高女神）——孔雀身上。众鸟目光齐注，只见他辉光四射，多如他华丽尾屏上的羽毛。

　　如果一个人的内心没有恶，看见优越于自己的人能心生悦慕；如若心怀着恶，遇见这样的人便会滋生出嫉妒的野草；这种恶如果不能转化成见贤争雄的志气，便会沦为嫉妒不甘的小气。此时，众鸟的眼睛看得酸痛。其中有一只最近被刚剥去羽毛的穴鸟，遍访诸鸟，说长道短：攀危崖寻鹰，入池塘找天鹅，上高枝见隼，到肥堆探公鸡，又求猫头鹰于其郁暗树洞之中。

　　他开始以巧言称美，继而冷语嗤笑。"他可爱，他令人眼花缭乱，这孔雀，谁能否认？可惜，他夸耀自己的美丽，大势也就去了。自己一旦上了心，在了意，最好的美质也不足论。自我赞美是最严厉的批评。最值得尊敬者，是对自己毫无一言者。老鹰要是披展那身了不起的羽毛，你说会怎么样？他宁可以他的壮严威风来抢风头，也不愿靠这一身毫无用处的羽毛来获人仰慕。再说，我们仰慕不死鸟，不正是因为她聪明，从来不露面而传为奇迹，从来不兴这种庸俗的做作吗？"

　　这番话，将嫉妒注入穴鸟浅窄的心胸之中；浅窄的心胸无论装什么，都会很快就被装满。嫉妒还可以粘在任何东西上，连不存在的东西也会牢牢地粘住。这是一种最残忍的情绪，将他人的好处变成伤痛与毒气。众鸟破坏不了孔雀的美，就千方百计使之失色。他们胸怀恶意而攻于心计，不批评他的可爱，而指斥他虚荣。

"我们要是有办法使他不再夸耀他那身羽毛，"鹊说，"他的美就会完全黯然隐没了。"

看不见的，就是不存在。柏修斯（Persius，罗马斯多葛派学者，拉丁文学中的讽刺诗泰斗）之言，妙得此理："他人如果知道你知道，你的知识就等于无知。"其余所有的资赋也都可作如是观，虽然他只举他们的女王而论。事物鲜以实然见赏，多以似然行世；世人也愚多贤少，而愚者自足于表。惟智者考求实质，但智者甚少。

乌鸦、穴鸟、鹊，以及鸟类家族振翼齐发，对孔雀鸣鼓而攻。有的鸟没有同行：雕持重而不轻动，不死鸟行踪不明，鸽子纯真，雉怯懦，天鹅沉醉于甜蜜的梦幻之中，准备他的绝命之歌。

在财富的豪邸，诸鸟撞见鹦鹉，他在阳台上的一只笼子里：多话者的适当所在。鹦鹉口无遮拦，众鸟但愿少听几句。孔雀一见众鸟，乐不可支，因为又到了一展美羽的时机。他在宽广的庭院接待来客，这是他夸耀风华的舞台，在这里，他能与太阳比美，一较颜色。

然而此刻并非炫奇夸能之时，展露卓越，并非时时皆宜。嫉妒是一只魔鸟，一只怪兽：她遇物便伸利爪，一眼即能害物，美虽然有令人着迷之能，今天却变喝彩为侮辱。

"你罪有应得，你这只金玉其外的笨鸟！我们代表整个鸟国元老院来告发你，要你收起你那身没用的羽毛，学着别那么自负。

"听着，所有的鸟，都被那身妄自尊大的羽毛给得罪了。他们会觉得受到了冒犯，是有原因的。尽数鸟族，为什么只有你非像扇子般招摇不可？这本事许多鸟都比你行，可也没有谁屑于一试。鹤有没有卖弄顶冠？鸵鸟有没有炫耀羽毛？你看过凤凰向庸俗之流自夸他的蓝宝石和绿宝石没有？特此命令你从今以后不得如此标奇立异，不得上诉。这么做是为了你好。如果你的脑袋只要有你那把扇子一半大，就会早已留意到，你越夸耀你的羽毛，你就越是在拿一个非常非常丑陋的东西示众！

"虚张声势永远是庸俗的，动机永远是虚荣。这种行为使人心生敌意，智者完全不取。真诚的谦虚，慎笃的收敛，明辨、严谨：这些特质都以自悦为足，真实即已足够，不需要过多伪装的外表与虚荣的掌声。况且，你还是财富的象征。财富这么露白，聪明吗，安全吗？"

鸟中朱诺闻言愕然，大为困惑，片刻才理清头绪。他也反驳道："称赞为

何总是来自远方，嗤嘲为何总是来自自己的族类？我招人目光，真的就因为
穴鸟与鹊他们的闲言闲语？他们指责的是什么，我的美，还是我的夸耀？上
天告诉我，既要有实质，也要懂得展现。两者缺一，有何可取？最高明的政
客告诉我们，最好的智慧是能实而虚，虚而实。知，并且示人以知，是双倍
之知。有福运而善于示人，道理就如同：一盎司的夸示，胜于财富成吨而不
知示人。不能让别人认识到你的价值，你卓越何用？

"如果太阳隐藏着辉光，玫瑰不离花苞，而不绽放，钻石不在珠宝匠协助
之下改变其深度，闪光与反射，将是什么样子？如此光彩，如此价值，如此
之美，而不胜夸耀，又有何益？我是有翅的太阳，带羽的玫瑰，天然的珠宝，
上天在赐予我这些美丽的同时，也就是指望我能借此示人。

"造物主创世之后，想到的第一件事就是夸耀，他造了光，就使之普照大
地。想想看，光也是他赞美的第一件事物呀。因为光夸照其余一切，他就夸
耀光。这么看来，打一开始，夸耀就与存在同样重要。"

孔雀一边说着一边张起他五光十色变幻多姿的尾扇，仿如盾牌，既展示
了自己的美，也当做对嫉妒的攻势。嫉妒气极，无法可想，只有挥师进击。
乌鸦直取眼睛，其余的鸟啄拔羽毛。孔雀呼天唤地求救。此时其他禽兽也飞
奔而至：狮子、老虎、一只熊、两只猴子……

狮子威慑八方，要大家稍安毋躁，得知为何如此喧闹的原因之后，为之
莞尔，一边稍稍收敛，一边禁击勿乱。号令既毕，他裁定嫉妒师出无名，但
也提议全案送交雌狐评判，因为她足智多谋，临事镇定。两方都同意听她的
高见。

雌狐施展慧黠，要将案子审得皆大欢喜：既逢迎狮子，又不得罪老鹰，
伸张了正义，又不失掉朋友。她说：

"真实与表象哪个重要，真不容易决定。有些事物很伟大，但望之不然，
有些事物很渺小，而望之却很重大。夸饰和谦虚同样有力，能弥补不足，物
质上正是如此，例如巧为装饰，或扈从众多，能壮大声势。物质方面如此，
精神方面更不待言，优美的事物适时表现，能造胜境。

"有些才华横溢的人巧为夸耀，将微小的才干表现得淋漓尽致。我们都看
过，卓越的人如果缺乏活力与风格，卓越顿时减半。有些民族，天生善于矜
夸：这方面，西班牙人独出众表。总而言之，夸饰是英雄才具光辉照人的外
衣，它赋予了英雄第二天性。

"不过，这个道理必须以真实为后盾，才能成立。名不副实的夸饰就是庸俗的欺骗，只会使缺陷更明显，更可笑。有的人等不及要在世界舞台上露脸，一上台，却卖弄了本来藏得好好的无知。

"表现才能之时最需慎防矫饰做作，因为做作紧邻虚荣，而虚荣最招耻笑。展露才干务必节制，如我常说的，必须时机适当。这种事情，节制比什么都要紧。

"明智的人表现才能，有时不必多言便能服人，仿佛出于无意。有时候，深藏不露正是博名取誉之道。最高明的露才，可能是不露，因为这样更能引起他人的好奇。

"欲熟此道，需要天分，也需要相当的慧黠。一大要素是袖里乾坤不可一泄而尽，手中的牌应该一次摊一张，精而益精，点点滴滴暗示，使人意会到更精彩的还在后头，而升高期望，行为事迹也是此理，当真是诱发悦慕的诱饵。

"言归正传。以我之见，承认孔雀的美丽，却不许他夸耀，未免霸道悖理。睿智的造化必定不依，否则她就自我矛盾了。法不能悖逆自然，除非得理……

"本席补救之道，既实际又有效益。我们谕令孔雀今后凡是展示其毛羽之美，都应该引人注意他那丑得吓人的脚。我向诸位保证，单凭这点，便足以纠正他的虚荣了。"

全场听到判决结果后，报以掌声，孔雀从命，雌狐宣布退庭。他们派一只鸟拜访智慧丰富的伊索，请他在那本古老的寓言集中，加入这则现代故事。

用正确的方法认识真理

[法国] 笛卡尔①

良知是世界上分配得最均匀的东西，因为每一个人都认为自己在这一方面有非常充分的秉赋，即便是那些在别的一切方面都极难满足的人，也不大会对自己在这一方面的秉赋不满足，更做额外的要求。在这一点上，大概并不是人人都弄错了；这一点倒可以证明，那种正确地判断和辨别真假的能力，实际上也就是我们称之为良知或理性的那种东西，是人人天然均等的；因此，我们的意见之所以不同，并不是由于一些人所具备的理性比另一些人更多，而只是由于我们通过不同的途径来运用我们的思想，以及考察的不是同样的东西。因为单有良好的心智是不够的，主要在于正确地应用它。那些最伟大的心灵既可以做出最伟大的善行，同样也可以做出最重大的罪恶之举；那些只是极慢地前进的人，如果总是遵循着正确的道路，可以比那些奔跑着然而离开正确道路的人走在前面很多。

至于我，我从来没有自负自己的心智有丝毫比一般人的心智更加完善的地方，甚至于我常常希望自己具有同某些人一样敏捷的思想，或者一样清楚明晰的想像力，或者一样广阔或一样生动的记忆力。除了这些性质之外，我不知道还有什么别的性质可以用来使心智完善；因为说到理性或良知，既然它是惟一使我们成为人并且使我们与禽兽有区别的东西，所以我很愿意认为它在每一个人身上都是完整的，并且愿意在这一方面遵从哲学家们的共同意见，他们说："同一个种类的的各个个体，只是在所具有的偶然性方面可以有多一些或少一些的差别，它们所具有的形式或本性则并无多少之别。"

不过我可以毫不踌躇地说，我觉得我很幸运，从青年时代开始，就发现

---

① 笛卡尔：（1596～1650），法国哲学家、物理学家、生物学家、生理学家。解析几何的创始人。主要著作有《形而上学的沉思》、《论世界》等等。

了某些途径，引导我进行了一些思考，获得一些公理，我从这些思考和公理中形成了一种方法，凭借这种方法，我觉得自己有了依靠，可以逐步增加我的知识，并且一点一点把它提高到我的平庸的才智和短促的生命所能容许达到的最高点。因为我已经从这种方法中得到这样一些收获，所以虽然我对自己所作的判断总是努力倾向于自卑的方面而不倾向于自负的方面，虽然我用哲学家的眼光去看一切人的各种活动和事业时觉得几乎没有一样不是空虚无用的，然而我对于自己认为在追求真理方面所得到的进展，不禁感到一种极度的满意，以致对将来抱着这样大的希望：如果在纯粹是人们的职业中间，有一种职业着着实实是良好而且重要的，我敢相信就是我所选择的那一种。

然而可能是我弄错了，也许我拿来当做黄金钻石的，只不过是一点黄铜和玻璃。我知道我们在与自己有关的事情上是多么容易弄错，我也知道，我们的朋友们的判断，在使我们高兴的时候是多么值得我们怀疑。可是我很愿意在这篇谈话中说出我所遵循的是些什么途径，以便从大家的声音里听取对我的意见；这可以说是在我惯常采用的方法以外所增加的一种教育自己的新方法。

美德对人有双重的利益

[法国] 霍尔巴赫

为了理解道德的真正基础，人们既不需要神学，也不需要天启，更不需要神灵；为此有一种简单的健全思想就完全够用了。只要人们回头看看自己，考虑一下自己固有的本性，权衡自己的实际利益，认清社会和社会成员的目的，他们就容易相信，美德对他们有双重的利益，而恶劣的品德则损害他们的利益。如果我们把人们教育成公正的、善良的、沉着的、和气的，那不是因为神灵需要如此，而是因为对人说来最重要的和最需要的事情是使同行者感到愉快；如果对人们说，应当避免恶劣的品德和罪行，那不是因为这一切会给他们招致来世的惩罚，而是因为他们将在他们现今生活的世界上为此受到惩罚。孟德斯鸠说："有一些防止犯罪的办法——这就是惩罚；有一些改变风尚的办法——这就是树立良好的榜样。"

真理是简单的，谬误是复杂的。谬误的道路无限曲折回旋。自然的声音任何人都能了解。谎言的声音则模棱两可、扑朔迷离和神秘莫测。真理的道路平坦笔直，谎言的道路昏暗弯曲。每个人都必须记住的这些原理是任何一个思想健全的人都不能怀疑的。一切正直的和诚实的心灵都在倾听理性的声音。人们的全部不幸只在于他们的无知；而他们之所以无知，只因为他们周围的环境阻碍着教育的发展；人们之所以愚蠢，惟一的理由是他们的理性还没有受到足够教育的引导。

阅读的诀窍

［古罗马］塞涅卡

如果你想从阅读中获得值得你永远铭记在心的知识，你就应该花更多的时间去研读那些无疑是富有天才的作家们的作品，不断从他们那里汲取养料。每个地方都去，等于哪里也没有去。一生都在国外旅游的人，结果是只能在许多地方受到殷勤的招待，但得不到真正的友谊。对于任何一个大作家的作品都没有深刻的了解，而是从一个作家跳到另一个作家，走马观花地阅读所有作家的著作，这样的人就像那种旅游者。刚吃即呕的食物不为身体所吸收，也就对健康无所裨益。不断改变治疗方法最不利于治愈疾病。伤口要是当做试验各种膏药的对象，那是不会愈合的。经常移栽的植株决不会长得茁壮。没有一件东西会如此有用，竟至所到之处无不因之受益。有许多书籍甚至只是有害无益。因此，如果你不能阅读你所有的藏书，只要拥有你能够阅读的部分也就够了。如果你说："但我想在不同时间里读些不同的书。"那我将这样回答你：一个接一个地品尝菜的味道，正是胃口不好的表现；食物名目繁多，种类殊异，不是滋补身体，而是戕害健康。所以，还是去研读成熟作家们的作品吧，如果产生了转换的念头，就立即回到已经熟悉了的作家们那里去。

每天也要学得一些帮助你面对贫困或者死亡，以及其他不幸的知识。吸收许多不同思想之后，要选取其中一个，认真思考并当天予以彻底消化。我就是这样做的。在我一直阅读着的那些思想著作中，我牢牢地抓住其中一个。我今天的想法就是从伊璧鸠鲁那里得到的。伊璧鸠鲁说："欢乐的贫穷是一种光荣。"但既然是欢乐，就根本不是贫穷。贫穷的人不是所有太少，而是总在追求更多的财富。一个人如果老是觊觎他人之物，时刻计算着的是他尚未到手的东西，而不是他已经有了的一切，那么，他保险柜里或谷仓里有多少积蓄，他有多少牲畜可以放牧，有多少资本可以生息，又说明什么问题呢？你问一个人财产的恰当界限是什么吗？第一是必要，第二是足够。

与书为友

［英国］ 塞缪尔·斯迈尔斯①

欲知其人，常可观其所读之书，恰如观其所交之友。与书为友同与人为友，都应与其最佳最善者常相伴依。

好书可引为诤友，一如既往，永不改变，耐心相伴，陶陶其乐。当我们身陷困境或处于危险，好书终不会幡然变脸。好书与我们亲善相处，年轻时从中汲取乐趣与教诲，到鬓发染霜，则带给我们以亲抚和安慰。

同好一书之人，往往可以发现彼此间性情有相近，恰如二人同好一友，彼此间也可引以为友。古时有句名谚："爱我及犬"，若谓为"爱我及书"，则更不失为一智语。人们交往若以书为纽带，则情谊更为真挚高尚。对同一作家之钟爱，使人们的所思所感、欣赏与同情，都能交相融会。作家与读者，读者与作家，也能相知相通。

英国文艺评论家赫兹利特说："书籍深透人心，诗随血液循环。少小所读，至老犹记。书中所言他人之事，却使我们如同身临其境。无论何地，好书无须倾尽其囊，便可得之。而我们的呼吸也会充满了书香之气。"

一本好书常可视做生命的最佳归宿。一生所思所想之精华尽在其中。对大多数学人而言，他的一生便是思想的一生，因此好书即为金玉良言与思想光华之总成，令人感铭于心，爱不忍释，成为我们相随之伴侣与慰藉。菲力浦·西德尼爵士言："与高尚思想相伴者永不孤独。"当诱惑袭来，高尚纯美的思想便会像仁慈的天使，翩然降临，一扫杂念，守护心灵。高尚行为的愿望随之产生。良言善语常会激发出畅举嘉行。

书籍具有不朽的本质，在人类所有的奋斗中，惟有书籍最能经受岁月的

---

① 塞缪尔·斯迈尔斯：(1812~1904)，英国作家。主要作品有《自助》、《性格》和《责任》等。

磨蚀。庙宇与雕像在风雨中颓毁坍塌了，而经典之籍则与世长存。伟大的思想能挣脱时光的束缚，即使是千百年前的真知灼见，时至今日仍新颖如故，熠熠生辉。只要拂动书页，当时所言便历历在目，犹如亲闻。时间的作用是淘汰了粗劣制品。就文学而言，只有经典名著方能经久传世。

书籍将我们引入到一个高尚的社会，在那里，历代圣人贤士群聚，仿佛与我们同处一堂，让我们亲聆所言，亲见所行，心心相印，欢悦与共，悲哀同历。我们仿佛也嗅到他们的气息，成为与他们同时登台的演员，在人们描绘的场景中生活、呼吸。

凡真知灼见决不会消逝于当世，书籍记载其精华而远播天下，永成佳音，至今为有识之士倾耳聆听。古时先贤的影响，融入我们生活的氛围，我们仍能时时感受到逝去已久的人杰们一如当年，活力永存。

让苦难对我们有益

[俄国] 托尔斯泰

爱比克泰德说，假如人不知道眼睛能看见东西，并且从来也不睁眼睛，他的处境就非常可怜了。同样，如果人不明白，为了平静地忍受各种苦难，人被赋予了思想的力量，那么他的处境就更加可怜。如果人是富有理性的，他就能轻易忍受任何苦难：这首先是因为理性告诉他，任何苦难都将过去，而且苦难常常会转变成好事；其次，任何苦难对富有理性的人来说都是有益的。然而，人们不是坚定地面对苦难，而总是极力逃避苦难。

上帝赋予了我们力量，使得我们不因出现了违背我们意愿的事而悲伤，我们不应该为此而感到高兴吗？上帝使我们的灵魂只服从于受我们所控制的——我们的理性，我们不该为此而感激上帝吗？要知道，他既不让我们的灵魂服从于我们的父母、兄弟，也不让它服从于财富和我们的肉体，甚至死亡。他以其慈悲之心，只让我们的灵魂服从于依赖于我们的——我们的思想。

为了我们的幸福，我们必须全力维护的正是这种思想和它的纯洁性。

只有蠢人才会诅咒智慧

[荷兰] 爱拉斯谟①

　　命运女神爱的是那些不大小心谨慎的人，那些胆大敢为的人，以及那些喜欢"事已至此无可翻悔"这句格言的人。智慧使人小心地权衡一切事物，结果却是聪明人穷困潦倒、饥饿污秽，活着不受人重视，无声无息，受人鄙视。蠢人们则相反，有钱有势，在各方面都得心应手。假如好运已注定归君主们和那些锦衣绣服的神仙般的蠢人享受，那么智慧还有什么用处呢？事实上，在那些人中间没有比智慧更受诅咒的人。假如一个商人在作伪证时犹豫踌躇，在因为说谎而被捕时涨红了脸，在进行盗窃和重利盘剥时受不合适的顾虑的影响，那他怎能赚大钱呢？一头驴或公牛要比一个智慧的人更快赢得教会的财富和荣誉。姑娘的情况也是这样，她们在人类喜剧中扮演着另外一种令人向往的重要角色。她们把爱情给予蠢人，见到聪明人就退避三舍，好像见了蝎子似的。

　　总之，一个人假如只希望生活得稍微快乐和愉快一些，就要首先把聪明人轰走，然后再邀请任何别的动物进来。无论你走到哪里，一句话，金钱在教皇们、君主们、长官们、友人们、敌人们、高贵的人或低贱的人中间，都会说话；由于聪明人鄙视金钱，所以金钱也就小心地避开他们。

---

　　① 爱拉斯谟：(1469～1536)，荷兰人，主要著作有《愚神颂》等。

英雄造时势

［英国］培根

不容否认，一些偶然性常常会影响一个人的命运——例如长相漂亮、机缘巧合、某人的死亡，以及施展才能的机会等等；但另～方面人的命运也往往是由人自己造成的。正如古代诗人所说："每个人都是自身的设计师。"

有的时候，一个人的愚蠢是另一个人的幸运，一方的错误恰好造成另一方成功的机会。正如谚语所说："蛇吃蛇，变成龙。"

炫耀于外表的才干徒然令人赞美，而深藏不露的才干则能带来幸运，这需要一种难以言传的自制与自信。西班牙人把这种本领叫做"潜能"。一个人具有优良的素质，能在必要时发挥这种素质，从而推动幸运的车轮转动，这就叫"潜能"。

历史学家李维曾这样形容老加图说："他的精神与体力都是那样优美博大，因此无论他出身于什么家庭，都一定可以为自己开辟出一条道路。"——因为加图具有多方面的才能。这说明，只要对一个人深入观察，是可以发现对他是否可以期待遭际幸运的。因为幸运之神虽然是盲目的，却并非无形的。

幸福的机会好像银河，他们作为个体是不显眼的，但作为整体却光辉灿烂。同样，一个人也可以通过不断做出细小的努力来获得幸福，这就是不断地增进美德。

意大利人在评论真正聪明的人时，除了夸赞他别的优点外，有时会说他表面上带一点"傻"气。是的，有一点傻气，但并不是呆气，再没有比这对人更幸运的了。然而，一个民族至上或君主至上主义者将是不幸的。因为他们把思考权交付给他人，就不会走自己的路了。

意外的幸运会使人冒失、狂妄，然而来之不易的幸运却使人成为伟大的人物。

命运之神值得我们崇敬，至少这是为了她的两个女儿——一位叫自信，

一位叫光荣。她们都是幸运所产生的。前者诞生在自我的心中，后者降生在他人的心目中。

智者不夸耀自己的成功。他们把光荣归功于"命运之神"。事实上，也只有伟大人物才能得到命运的护佑。凯撒对暴风雨中的水手说："放心吧，有凯撒坐在你的船上！"而苏拉则不敢自称为"伟大"，只称自己是"幸运的"。从历史可以看到，凡把成功完全归于自己的人，常常得到不幸的终局。例如，雅典人泰摩索斯总把他的成就说成："这绝非幸运所赐。"结果他以后没有一件事是顺利的。世间确有一些人，他们的幸运流畅得有如荷马的诗句。例如普鲁塔克就曾以泰摩列昂的好运气与阿盖西劳斯和埃帕米农达的运气相对比，但这种幸运的原因还是可以从他们的性格中得到发现！

朋友才是最丰厚的财宝

[古希腊] 苏格拉底

许多人想求得财富胜于想结交朋友，但任何一种财富都不能比朋友更有价值、更持久、更有用。

一个真心忠诚的朋友比一切财富都宝贵，但绝大多数人，在结交朋友一事上，非常不当心。我看到他们勤勤恳恳地想方设法购买房屋、田地、奴隶、牛羊和家具；至于朋友，尽管他们说是人的最大的福气，但大多数人既不关心怎样结交新朋友，也不注意怎样保住他们所已有的朋友。

当朋友和奴隶一同患病时，人们总是请医生来看他们的奴隶，想方设法使他们恢复健康，但他对于他们的朋友却不闻不问；如果这两者都死亡的话，人们也只是为他们的奴隶悲伤，认为自己蒙受了损失，至于损失朋友，却认为算不了什么。他们的财物，没有一样他们不是好好看顾照管的，但当他们的朋友需要帮助的时候，他们却一点也不加过问。除此以外，还有一些人，对于他们的其他财富，尽管数目很大，却十分熟悉，但对于朋友，尽管数目很小，不仅不知道有多少，而且在有人问到他们，他们试图加以计算的时候，还把从前认为是朋友的人弃置不算，他们不把朋友放在心上，可见一斑。

如果把朋友和所有其他的财富比较起来，一个好朋友岂不是更有价值得多吗？有什么马，什么耕牛，能抵得上一个真正好的朋友那样有用呢？有什么奴仆是像朋友那样的好心肠或富于友爱呢？有什么其他的财富是像朋友那样有益呢？因为一个好的朋友对于一个人来说，无论是他个人的私务，或是他的公共职守方面，不管缺少什么都很关心。当他需要照顾的时候，朋友总是提供自己的资财来帮助他；当他受到威胁的时候，朋友总会加以救援并分担费用，同心协力，帮助说服，甚至以强力压服对方。当他顺利的时候朋友就会鼓舞他，要跌倒的时候就扶持他。凡是一个人的手所能操作的，眼睛所能预先看到的，耳朵所能听见的，脚所能完成的，没有一件事是他的朋友不会为他做好的；而且还经常有这样的情况：一个人所没有为自己完成的，或者没有看到的，或者没有听到的，或者没有完成的，他的朋友都能为他做到。然而，尽管人们为了吃果子而栽种果树，绝大多数的人对于他们所有的叫做朋友的最丰厚的财宝，却不知加以培植和爱护。

应尽力避开的人

摩西·哈伊姆·鲁扎托

在我们的生活中，应极力避开以下这三种人：

有一种徒有其表的人，自以为了不起，高人一等，值得别人称颂，认为坐、站、行、走以及说话、做事都应有特殊的气派才行……他只和有身份的人说话，即使如此，也仅仅像神谕似的说短短几句。行动、姿态、吃、喝、穿着，都装腔作势，仿佛他的肉是铅做的，骨是石头做的。

有一种骄傲的人，觉得自己有些长处值得别人尊敬，因此理应引起普遍的畏惧，人人都应在他面前发抖。一个普通人怎么敢对他说话、问他问题！他的腔调使敢于接近的人退了回去。他用傲慢的回答压制人们，他一天到晚都绷着脸……

还有另外一种人，希望由于他的优秀品德而受到注意，由于他的行为而受到表扬。他不满足于人人对他自以为具有的卓越才能所给予的赞扬，他希望人们的赞扬中包括他是最谦虚的人这一点。于是他对自己的谦虚感到自豪，希望得到荣誉，因为他假装逃避荣誉……他拒绝所有光荣的称号，也不接受晋级的呼吁，但他的心里却在想："世界上没有一个人像我这样聪明和谦虚了。"这种自负的人，虽然竭力装得谦虚，却逃脱不了某些灾难，这灾难就像一堆燃着的枯枝使他们的骄傲的"火焰"迸发出来。这种人可以比做一间堆满稻草的屋子，这屋子到处是窟窿，稻草从窟窿里不断钻出来，过了一会儿，人人都知道屋子里有些什么东西了。人们很快就认出他不老实，他的谦虚不过是伪装罢了。

忍耐是解决困难的最好对策

［瑞士］希尔提

解决困难最好的对策，是忍耐和勇气。

不管在多么黑暗的时刻中，对能够仰赖正义的人而言，朝阳没有多久就会重现。因为委身于正义，就好像被告知太阳即将来临而迎接阳光等待鸡鸣一般。

对于所有困难，我们只要能摆出面对它的架势去勇敢地承担起来，不知有多少困难就会马上消失，这是经验上极为显著的真理。

事实上，只要去尝试看看就能立刻明了：对降临在我们身上的事，我们的判断在一开始时经常是错误的。

我们常有以下这种经验：乍看不适合并且与我们作对的事，到后来才知道其实是符合我们目的的。或者相反地，原以为是幸运的事，纵使以后没有造成什么伤害，却对我们没有任何助益。

所以，当心事重重时，暂且不去判断，可以说是最聪明的处置方法了。

另外有一个更有效的方法，就是不管遇上多么困难的事，最好暂时忍耐一下，并且应该相信，到了下一刻钟事态就会转变，或者至少也会涌现出新的力量！

快乐来自对美的瞻仰

［古希腊］ 德谟克利特①

一位诗人以热情并在神圣的灵感之下所作的一切诗句，当然是美的。

荷马，赋有神圣的天才，曾创作了惊人的一大堆各色各样的诗。

快乐和不适构成了那"应该做或不应该做的事"的标准。

应该做好人或仿效好人。

只有天赋很好的人能够认识并热心追求美的事物。

赞美好事是好的，但对坏事加以赞美则是一个骗子和奸诈的人的行为。

追求美而不亵渎美，这种爱是正当的。

摹仿坏人而甚至不愿摹仿好人，是很恶务的。

身体的美，若不与聪明才智相结合，是某种动物的东西。

永远发明某种美的东西，是一个神圣的心灵的标志。

在许多重要的事情上，我们是摹仿禽兽，做禽兽的小学生的。从蜘蛛身上我们学会了织布和缝补；从燕子身上学会了造房子；从天鹅和黄莺这些唱歌的鸟身上学会了唱歌。

一段美好的言辞并不能抹煞一件坏的行为，而一件好的行为也不能为诽谤所玷污。

如果儿童让自己任意地不论去做什么而不去劳动，他们就学不会文学，也学不会音乐，也学不会体育，也学不会那保证道德达到最高峰的礼仪。礼仪则是这一切东西共同产生出来的。

快乐和不适决定了有利与有害之间的界限。

称赞那不应称赞的和斥责那不应斥责的，都很容易，但两者都表示是一

---

① 德谟克利特：（约公元前460～公元前370），古希腊哲学家。著有《小宇宙系统》、《论自然》等。

种坏的性格。

　　大的快乐来自对美的作品的瞻仰。

　　那些偶像穿戴和装饰得看起来很华丽，但是，可惜！它们是没有心的。

　　动物只要求为它所必需的东西，反之，人则要求超过这个。

　　不应该追求一切种类的快乐，应该只追求高尚的快乐。

　　在使人乐意的事物中，那最稀有的就给予我们最大的快乐。

　　身体的有力和美是青年的好处，至于智慧的美则是老年所特有的财产。

把舌头拴上一天吧

［比利时］梅特林克

"沉默与奥秘！"卡莱尔（苏格兰作家）喊道，"必须为它们设立赢来普遍崇拜的祭坛（如果人们今天仍然设祭坛）。大事在沉默中酝酿成，最终显出本相，在生活的光芒中宏伟壮观，卓越绝伦。世上并非只有一个寡言英雄纪尧姆（法国中世纪武功歌中的一个英雄人物），我认识的所有伟人，甚至最乏外交手腕、最无战略眼光的人也能克制自己不谈自己的计划与功绩。当你茫然不知所措时，请把舌头拴上一天吧，次日，你的计划与任务将一目了然！一旦外界的杂音不再入耳，你身上还有什么渣滓和垃圾不能被这些哑巴工人清除呢？话语常常不像法国人所说的那样是掩盖思想的艺术，而是窒息并中止思想的艺术，致使无思想可再加掩盖。话语固然重要，但并非最重要。瑞士格言说得好：话语是银，沉默为金，或者不如说：话语有限，沉默永恒。

"蜜蜂只在黑暗中工作，思维只在沉默中进行，德行在秘密中……"

不要相信话语会在人们之间起到真正的沟通作用。用唇与舌表达心灵，无异于以数字与符号来表现梅姆灵（弗拉芒画家）的画。一旦我们真有什么要说，我们不得不缄口不言。若此时想抵御不露真身然却咄咄逼人的沉默，我们就犯下了人类智力最瑰丽的珍宝都无法弥补的永久过失，因为我们失去了倾听另一个心灵的机会，失去了赋予我们自己的心灵一刻生存的机会；人生在世，如此之机不会来两次……

我们只在并不生活着时才开口，此时，我们不愿觉察我们的兄弟，我们感到远离现实，一旦开了口，就有某种东西告知我们：神奇之门关闭了。因此，我们不滥用沉默，最冒失的人见到生人并不闭嘴。人人皆有的非凡直觉警告我们：对不愿认识的人或不喜欢的人不作声是危险的；话语在人们中流传而过，而沉默，如果变得主动，就永远也抹不掉。真正的、惟一留下痕迹的生产，只能由沉默造成。想一想，在沉默中（为要自己解释自己，必须求助于这一沉默），如果你能钻入心灵中天使居住的深处，这时你首先回想起某个深受你爱戴的人的东西，并非他的话语，亦非他的动作，而是你们共同经历的沉默；正是沉默的性质独自揭示了你的爱与你的灵魂的性质。

这里我只涉及了主动的沉默，因为还有一种被动的沉默，它只是睡眠、死亡或非存在的反映。这种困乏入睡时的沉默比话语更不可畏；但有时某种意外状况可以突然唤醒它，于是它的兄弟——主动沉默——就出来即位。当心！两个心灵将融通，隔板将倒坍，堤坝将溃毁，平凡的生活将让位于新的生活，这时，一切都将变得严肃，一切都得提防，一切都不敢笑，一切都不服从，一切都不被忘却……

正因为无人不晓这阴沉的力量和它危险的戏举，我们才对沉默怀有深深的惧意。迫不得已时，我们忍受孤立的、自身的沉默，几个人的、人数倍增的、尤其是一群人的沉默却是超自然的负担，最强的心灵都畏惧其无以解释的分量。我们消耗大部分生命寻找沉默统治不到的地盘。一旦两三人相遇，他们只想驱逐看不见的敌人，要知道，多少平凡的友谊不是建筑在对沉默的仇恨之上？假如人们白费了努力，沉默仍成功地潜入聚集者之中，他们便会不安地从事物未知的庄重一面扭转脑袋，然后马上走开，将位置留给生人，从此便互相回避，惟恐百年之搏斗再次落空，惟恐有人偷偷地向敌手敞开大门……

大多数人一生中仅有两三次懂得并允许沉默，他们只在某些庄严场合才敢迎接这位难以识透的来客，然而那时，几乎所有人都恰当地迎接它；因为即使最卑鄙者有时也懂如何行事，恰如他们早已知晓神所知晓之事一样。回忆一下你毫无畏惧地遇到的第一次沉默吧。可怕的钟点已然敲响，它前来迎向你的心灵。你见到它从谁都没说过的生活的洞穴中升起，从美或恐惧的内心大海深处升起，你并不逃走……这是在起跑线上的回转，快乐中面临死亡、濒于危难。你还记得神秘的宝石闪烁着光芒，入睡的真理猛然觉醒的时刻吗？难道沉默并非必要，敌人不断的爱抚不是神圣的吗？不幸的沉默的亲吻——沉默尤其在不幸中拥抱我们——再不能被遗忘；比他人更常认识沉默的人比别人更强。也许只有他们知道日常生活的细薄表皮漂荡在何等沉哑幽深的水上，他们走近上帝，他们走向光明的脚步永不迷失方向；心灵可以不升华，但绝不可堕落……

"沉默，伟大的沉默王国，"熟谙人生的卡莱尔还叫道，"比群星还高，比

冥府更深!……沉默,高贵的沉默者!……他们散布在四面八方,在各自的城乡,在沉默中思想,在沉默中工作,晨报根本不提他们……他们是大地之盐,国家若是没有或缺乏这些人则走不上正轨……就像一座没有根的森林,尽管枝叶茂盛,但很快就将枯萎,不能成为森林……"

比卡莱尔讲的庸俗沉默更重要也更难达到的真正沉默,并不是那种会抛弃人们的神。它四面围绕着我们,是我们暗指的生命的基础,一旦有人颤抖地叩响了深渊的洞扉,总是这个主动沉默前来打开此门。

在无以度量之物面前,众人一律平等;而面对死亡、痛苦或爱情,国王的沉默与奴隶的沉默一模一样,皆将相同的珍宝藏在不透的外套里。作为我们心灵不可侵犯的庇护所,这一沉默的奥秘将永远不会丢失。假如人类的第一位祖先遇到了地球上最后一个居民,他们也会以相同方式缄口不言,真诚相见,尽管相距千万年,他们也好像曾熟睡在同一摇篮中,他们将同时明白世界末日之前嘴唇不会去学说的东西。

一旦嘴唇熟睡,心灵就苏醒并活动起来;因为沉默本是充满意外、危险及幸福的因素,沉默中的心灵自由地控制着自身。假若你真正愿意把自己托于某人,你就沉默吧;假若你害怕在他面前静默——除非这种害怕出于渴望奇迹的爱的敬畏与吝啬——你就离开他吧,因为你心中已然有数了。有些人,连最伟大的英雄都不敢在他们面前默不作声,无所可隐的心灵却担忧被其他心灵所揭开。还有一些人从不沉默,在他们周围得不到安静;他们才是惟一真正不被人注意的人。他们无法穿越"暴露"这一闪烁着稳固而忠诚的光芒的地带。对那从不闭口的人我们怎么也得不出一个确切的概念。可以说他们的心灵没有面目。"我们尚未互相熟悉,"一位我所爱的人在来信中写道,"我们还不敢互相沉默。"完全正确,我们彼此如此深爱,以致曾经害怕忍受超常的考验。每当沉默——最高真言的天使、爱的特殊陌生的使者——降临,我们的心灵似乎都要下跪求情,恳请一时的无故谎话、天真无知……但无论如何,这一时刻必须来到。它是爱的太阳,像天上太阳催熟大地的果实那样催熟心灵的果实。不过人们对它的恐惧也非毫无来由;因为人们对面临的沉默的性质一无所知。若说一切话语颇为相似,所有的沉默则千差万异。大多数时候,整个命运取决于两个心灵所造成的第一次沉默的性质。混杂产生于不知何处,因为沉默的储库比思维的储库更加高深;无法料及的饮料会变得苦涩无比或甜蜜万分。两个可钦可敬而同样有力的心灵会导致敌对的沉默,在黑暗中殊死搏斗，而一个苦役犯的心灵面对一个处女的心灵却会神妙地缄口不言。人们事先一无所知，在这个天国里一切皆不抢先；因此，最温柔的情人们往往推迟到后一刻才郑重披露心底的重大隐私……

他们也知道，真正的爱将最肤浅轻佻的人也拉人了生活的中心，其余一切皆是围墙外的儿戏，现在城墙在倒塌，生活打开了大门。他们的沉默抵得上他们隐藏的神，如果他们在第一次沉默中不能互相理解，他们的心灵就不能互爱，因为沉默是根本不变的。它可以在两个心灵之间升上降下，使其本质永不改变；直到情人们死亡时，它仍将具有第一次人洞房时的那种姿势、形态和力量。

随着人生道路的不断拓展，人们会发现，一切将按某种无以名之的契约依次发生，对此先决之契约，人们不透半点口风，甚至想都没想，然而人们知道它存在于我们脑袋之上。初次相见时最无效的就是笑脸相迎，俨然一副熟谙众兄弟命运的派头。那些言谈最深刻的人最明白，言词从来无法表达两个人之间真实而特殊的关系。如果说，我现在向你谈的是最严肃的事：爱情、死亡或命运，我还是未触及死亡、爱情或命运，哪怕竭尽全力，我们之间将永远存在一种没有说到的、甚至没想到说的真理，这无声的真理将在我们中单独存在一时，令我们不能想及他事。这一真理，才是我们关于死亡、命运或爱的真理，惟有在沉默中才能隐约窥见它。非沉默不能承担这一重任。在某个童话中有位女孩说："我的姐妹们，你们每人都有神秘念头，我想知道它。"我们也是如此，我们身上也有某种别人想了解的东西，不过它隐藏得比神秘念头更深；这就是我们神秘的沉默。任何询问都无济于事。精神对其守卫的任何骚扰都会成为了解存在于这一秘密中的第二生命的障碍；为弄清灵魂深处真实存在之物，必须在我们之间保持沉默。惟有在沉默中，那些依据人的心灵而不断改变其形状与颜色的意外而永恒之花才能绽开一时。心灵在沉默中的重量，就如同金子和银子在纯水中显出重量，我们的话语只有浸润在沉默中时才显出意义。如果我对某人说我爱他，他不会明白我也许已对其他千万人说过的这句话，但假如我真的爱他，那么，随之而来的沉默将显示出今天这一词的根系已扎入何处，并产生出默默的确信，这沉默与确信在一生中没有两次是相同的……

难道不是沉默决定了爱的滋味吗？一旦被剥夺了沉默，爱也就既无味道也无永久的芳香了。谁熟悉这一离嘴唇而聚心灵的寂静时刻？必须不断地去

寻求它。再没有比爱的沉默更为温顺的沉默了：这是真正惟一属于我们自身的沉默。其他崇高的沉默，如死亡、痛苦或命运的沉默并不属于我们。它们按自己选择的时间从事件深处向我们走来，它们不曾遇到的人无需自我谴责。我们可以迈着爱的沉默而去。它夜以继日地等候在我们的门槛前，像它的兄弟们一样美丽。全靠它，那些几乎不落泪的人才能像那些不幸的人一样怀着亲密的感情生活下去；十分懂得爱的人了解的秘密与其他人不了解的秘密一样多；因为在友谊与爱情深沉而真切的嘴唇的静默之中有着其他嘴唇永远不能闭口不言的成千上万的东西……

最该受谴责的犯罪应是因欲望引起的犯罪

[古罗马] 马可·奥勒留

因欲望而引起的犯罪比那些因愤怒而引起的犯罪更应该受谴责。因为，因愤怒而犯罪的人看来是因某种痛苦和不自觉的患病而失去了理智，但因欲望而犯罪的人却是被快乐所压倒，他的犯罪看来是更放纵和更懦弱。因快乐而犯的罪比因痛苦而犯的罪更应该受谴责；总之，后者较像一个人首先被人错待，由于痛苦而陷入愤怒；而前者则是被他自己的冲动驱使做出恶事，是受欲望的牵导。

谈话犹如播种

［古罗马］塞涅卡

谈话于人最有裨益，因为它是逐渐潜入心田的。预先拟好讲稿，然后站在听众面前演说，虽然反响更为热烈，但亲切之感就不足了。哲学是良言忠告，而且没有人是大喊大叫地给人以良心忠告的。高谈阔论（如果我可以把那种演说称为高谈阔论的话），对于优柔寡断需要鞭策的人来说，可能偶尔有所成效，但如目的在于启发人自己主动学习，而非强迫人学习，则只能通过低声细语的交谈，因为这种交谈比较容易进入大脑，开启心扉。人们所需要的不是千言万语，而是有效的言词。

谈话犹如播种。种子无论多么细小，一旦进入适宜的土壤，就会显示其力量，从渺小的颗粒壮大起来，成长为硕大的植株。道理也是如此，表面看来可能无关宏旨，伴之以行动就开始表现出力量来了。尽管话语不多，只要被应当接受它的头脑所吸收，就会积聚力量，蓬勃向上。确实，箴言与种子具有同样的特点：形态细小，影响深远——假如有个好头脑去掌握和吸收箴言的话。这种头脑又以其创造力做出反应，生产出比吸收来的更多的产品。

不要留恋轻松的事情

［古希腊］ 苏格拉底

自愿受苦的人和非自愿受苦的人之间有这样的区别，即自愿挨饿的人是出于自己的选择，当他愿意的时候可以随意进食；自愿不喝水的人也是出于自己的选择，当他愿意的时候就可以随意饮水，其他自愿受苦的事也是有同样的情形，而被强迫受苦的人就没有随意终止受苦的自由？此外，这些自愿受苦的人在忍受苦楚的时候，受到美好希望的鼓舞，就如打猎的人能欢欣愉快地忍受劳累，因为他有猎获野兽的希望。的确，这类劳苦的报酬，其价值是很小的；至于那些为了获得宝贵朋友而辛苦的人，或者是为了战胜仇敌而辛苦的人，或者为了有健全的身体和充沛的精神可以把自己的家务治理妥善，能够对朋友有好处，对国家有贡献而辛苦的人，难道你能不认为，他们是欢欣愉快地为这一切目标而辛劳，或者他们是生活得很幸福的，不仅自己心安理得，而且还受到别人的赞扬和羡慕吗？况且，怠惰和眼前的享受，既不能使身体有健全的体质，也不能使心灵获得任何有价值的知识。但不屈不挠的努力终会使人建立起美好和高尚的业绩来。赫西阿德斯也曾说过：

"恶行充斥各处，俯拾即是：通向它的道路是平坦的，它也离我们很近。但不朽的神明却把劳力流汗安放在德行的宫殿之前：通向它的道路是漫长而充满险阻的，而且在起头还很崎岖不平；但当你攀登到顶峰的时候，就会感到越来越容易，而且非常值得，尽管在起头它是难的。"艾皮哈莫斯在下列诗句里也给我们作了见证："神明要求我们把劳动作为获得一切美好事物的代价。"在另一处他还说道："无赖们，不要留恋轻松的事情，免得你得到的反而是艰苦。"

当赫拉克雷斯进入青年时代的时候，便开始考虑如何走向生活——是通过善行的途径还是通过恶行的途径。有一次他走到一个僻静的地方，坐下来思量在这两条道路中他究竟应该走哪一条道路才好。这时有两个身材高大的

妇女向他走来。一个是面貌俊美，举止大方，肌肤晶莹，眼光正派，形态安祥，穿着洁白的衣服；另一个是长得很肥胖又很娇嫩，打扮得使她的脸色显得比她生来的颜貌更为白皙而红润，身材也显得比真实情况更为高大，睁大眼睛东张西顾，穿着娇态毕露，如果说她是在自顾自盼，她也时常在窥觑着别人是不是在注视着她，她还经常地顾影自怜。

当她们走近赫拉克雷斯的时候，第一个仍然照着从前的步态悠闲地走着，但另一个则急忙地跑到赫拉克雷斯面前喊道："赫拉克雷斯，我看你正在踌躇莫决，不知选择哪一条道路走向生活才好；如果你跟我交朋友，我会领你走在最快乐、最舒适的道路上，你将要尝到各式各样欢乐的滋味，一辈子不会经历任何困难。首先，你不必担心战争和国家大事，你可以经常吃到美味佳肴，喝一些陈年佳酿、看看或听听令你赏心悦目的事情，闻闻香味或欣赏欣赏自己所爱好的东西，和什么样的人交游最为称心如意，怎样睡得最舒适以及怎样最不费力地获得这一切。万一你担心没办法得到这一切的时候，你也不必害怕我会要你劳心费力地去获得它们。你将会得到别人劳碌的果实，凡是对你有用的东西你尽可以毫无顾忌地取来，因为凡是和我在一起的人我都给他们权力可以从任何地方取得他们所要的东西。"

当赫拉克雷斯听到这一番话之后问道："女士，请问你名叫什么？"

"我的朋友把我叫做幸福，"她回答道，"但那些恨我的人却给我起个绰号叫恶行。"

说话之间那一个女子也走近了，她说道："赫拉克雷斯，我也来和你谈谈，我认识你的父母，也曾注意到你幼年时所受的教育，我希望你会把你的脚步朝着我的住处走来，你将会做出一切尊贵而高尚的事情，你也将因这些善行而显得更为尊荣和显贵。但我不愿意先用一套好话来欺骗你：我要老老实实地把神明所规定的事情告诉你。因为神明所赐予人的一切美好的事物，没有一样是不需要辛苦努力就可以获得的。如果你想获得神明的宠爱，你必须向神明礼拜；如果你希望得到朋友的友爱，你就必须善待你的朋友；如果你想在一个国家中获得尊荣，你就必须为这个国家做出贡献；如果你希冀因你的德行而获得全希腊的表扬，你就必须向全希腊做出有益的事情；如果你要土地给你带来丰盛的果实，你就必须耕耘这块土地；如果你决心想从羊群获得财富，你就必须好好照管羊群；如果你想通过战争而壮大起来，取得力量来解放你的朋友并制服你的敌人，你就必须向那些懂得战争的人学会战争的艺术并在实践中对它们做正确的运用；如果你要使身体强健，你就必须使身体成为心灵仆人，用劳力出汗来训练它。"

这时恶行插进来说道："赫拉克雷斯，你注意到这个女人向你所描绘的通向快乐的道路是多么艰难和漫长了吗？我知道有一条近道，非常容易地就可以把你引向快乐。"

德行回答道："你这个无耻的女人，你有什么好东西呢？你既不肯辛劳努力去获得它，怎能体验到美好的事情呢？你连等待美好事物发生的欲望的耐心都没有，在还没有饿的时候就去吃，还没有渴的时候就去喝，雇用厨师为的是使你可以尝尽美味，沽来美酒，为的是使你可以开怀痛饮，还为了使它变得凉爽些而在夏天奔波寻找冰雪来。为了睡得舒畅，你不仅预备了柔软的被褥，还在床下安置了一个支座，因为你之所以要睡眠并不是因为工作劳累而是由于无事可做，闲得无聊。你在没有性欲要求的时候用各种方法引起淫欲，把男人当做女人使用；你就是这样教导你的朋友们，使他们在夜间放荡无度，而在白天则把最好的时光花在睡眠之中。你虽然是不朽的，然而却是被神明所弃绝的，是善良的人们所不齿的。

"一切声音中最美好的声音，赞美的声音，你听不到；一切景致中最美好的景致你也看不到，因为你从来没有看到自己做过什么美好的事情。谁会相信你所说的话呢？谁会把你所要求的给你呢？有哪个神智清楚的人会敢于和你厮混呢？因为凡是醉心于你的人在年轻的时候身体都脆弱不堪，在年老的时候他们的心灵也没有智慧；在年轻的时候他们饱食终日、无所用心，在年老的时候，他们都困顿潦倒，痛苦难言；他们过去的行为给自己带来了耻辱，当前的行为给自己带来了烦恼。青年时他们生活得无忧无虑，却为晚年积累了困苦艰难。

"但我做神明的侣伴，做善良的人的朋友；凡是神或人所做的美好事情，没有一样不借助于我的；我受到神明的器重，受到那些和我同心同德的人们的尊敬；我是工匠们所喜爱的同工，是主人们的忠实管家，是仆人们的仁爱护卫者，是和平劳动的热情参与者，是战争行为的坚定同盟者，是友谊的最好伙伴。我的朋友们都心情愉快、无忧无虑地享受饮食的乐趣，因为他们总是等到食欲旺盛的时候才进饮食。他们比懒惰的人睡得香甜；醒来的时候也没有烦恼，他们并不因睡眠而轻忽自己的本分。青年人因获得老年人的夸奖而高兴；老年人也因受到青年人的尊敬而愉快；他们以欣悦的心情回顾自己

已往的成就，欢欣鼓舞地从事目前的工作。通过我，他们受到神明的恩宠、朋友的爱戴，国人的器重。当大限来临的时候，他们并不是躺在那里被人遗忘，无人尊敬，而是一直活下去，永远受到人们的歌颂和纪念。赫拉克雷斯啊，你有很好的父母，如果你肯这样认真努力，你一定会为自己争取得到最大的幸福。"

悬念未来的心永远是悲伤的

［法国］ 蒙 田

那些责备我们永远张着口追逐未来的事物，劝我们抓住和保持目前的幸福（因为我们对于未来比较过去还要渺茫而无把握）的人，可谓切中了人类最大的要害。如果他们敢把那大自然为了延续她的功业领导我们去做的事当做弊病的话。因为嫉妒我们的事业多于嫉妒我们的知识，大自然把这个和许多别的谬解印在我们脑海里。我们永远不在家里，永远超出我们以外。恐惧、欲望与祈求催促我们到未来去，剥夺我们对于现在的意识与考虑，令我们思索未来的事物，甚至当我们正在弥留之际。

塞涅卡说："悬念着未来的心永远是悲伤的。"柏拉图常用这句伟大的箴言劝勉人："做你的事和认识你自己。"这句箴言包括了我们的一切职务。做他自己事业的人就会明白他先要知道什么是属于他的。认识他自己的人就不会把别人的事当做自己的事；他会首先自爱和栽培自己，避开那些冗余的事务和无谓的思想与企图。正如西塞罗说："愚昧即使它的愿望都实现了，还是不满足；智慧却享受着现在，而且永远不会对自己不满足。"

有足以自傲之物的人应当骄傲，但不应虚荣

［德国］ 叔本华

骄傲是自己对自身在某特殊方面有卓越价值的一种确信，而虚荣是引起他人对自己有这种信任的欲望，通常也秘密希望自己亦终将有此确信。骄傲是一种内在的活动，是人对自己直接的体认。虚荣是人希望自外在间接地获得这种体认。所以自负的人常是多话的，不然就是沉默而骄傲的。但是自负的人应该晓得即使他有满腹经纶还是不说的好，因为持久的缄默比说话更能迎得好评。任何想假装高傲的人不一定就能骄傲，他多半会像其他人一样，很快地丢弃这个假装的个性。

惟有对自己卓越的才能和独特的价值有坚定、不可动摇之确信的人才被称为"骄傲"之人，当然这种信念也许是错误的，或者是建立在一种偶然的、传统的特性上。对一切骄傲的人，也就是对当前有最为迫切要求的人。因为"骄傲"是基于一种确信，所以他与其他不是由自己裁决的知识相似。骄傲的最大敌人——我的意思是说它最大的阻碍——是虚荣，虚荣是企图借外在的喝采来建立内在的高度自信，而骄傲却基于某种强烈的自信才能成立。

通常"骄傲"总是受到指责；可是我想只有那些没有足以自傲之物的人才会贬损"骄傲"这种品德。我们看到世俗的鲁莽与蛮横，任何具有优秀品格的人，如果不愿他的品德永久被忽略，就该好好正视自己的好品德。因为假如一个品德优良的人，好心地无视自己的优越性，依然与一般人亲善，就好像自己与他们一样，那么用不了多久，他们便会坦白而肆无忌惮的把你看成他们的同类。这是我给那些具有高贵品格——一种出自人性优越之人的劝告，尤其当此种优越性不像名衔、地位那样人人可见时更应该如此；不然，他们一旦觉得你与他们一样，便开始轻视你了，阿拉伯古谚说："和奴隶开玩

笑，他不久就原形毕露了。"

当谦虚成为公认的好德性时，无疑地世上的笨人就占了很大的便宜；因为每个人都应该谦虚地不表现自己，世人便都类似了。这真是完全的平等啊！它是一种压制的过程，因为这样一来，世上就好像只有笨人了。

避开那些引诱人去杀人的东西

［古罗马］ 塞涅卡

想想那些引诱人去杀人的东西吧，你会发现那些东西是欲望、妒忌、仇恨、恐惧和轻视。这里面轻视危害最小，不少人实际上一直是拿它做庇护来保护自己的，因为一个人若是轻视某人的话，他只不过是鄙视那人（这是毫无疑问的）罢了，而不会置他于死地。绝没有人会对他自己轻视的人采取没完没了的伤害政策，即使在战场上，人们也不去理会已经倒下了的人，只会同仍然站立着的人进行战斗。

至于欲望，只要你不拥有可能会唤起别人的贪婪或占有欲的东西，只要你没有收藏稀世珍宝（因为即使是最小的东西，只要是稀有的和罕见的，都会受到人们的觊觎），那些占有者的欲望就不会使你担忧了。

嫉妒也是你能够躲避的，只要你从不逗引别人注意你，不去炫耀自己的财产，只要你学会了把秘密深藏在自己的心底。

仇恨或者是因为得罪于人而招致的，只要你不去蓄意惹人生气，这也可以避免；或者是完全意想不到的，这时你的护身之法该是通常说的圆通机智，这种仇恨是使许多人处于险境的根由，人们并没有任何真正的敌人却被人怀恨在心。

至于不担惊受怕，那么适度的财产与随和的天性能确保你做到这一点。你要让人们知道，触犯你是不会有危险的，与你握手言和则是既容易又可靠的。这里需要补充一点，在自家人中令人生畏与在外人中令人生畏一样，都是不安全的根源——无论是奴隶还是自由人，谁都有能力给你造成伤害，况且伤害别人也就是伤害自己，没有人能够使别人感到恐惧，自己却享受着内心的平静。

剩下的就是轻视了。一个与轻视结盟的人，一个因为愿意被人轻视而由此被别人所轻视的人，是能够掌握轻视的分寸的。只要一个人具有高贵的品质，并且还有一些有势力的朋友，这些朋友又足以影响到某个有相当影响的人物，那么轻视的不利作用就不存在了。这样有势力的朋友是很值得交往的，不过不要同他们交往过深，以免他们的保护使你付出的代价比原先的危险所可能给你造成的损失更大。

然而最能帮助你的还是保持沉默。与别人的交谈要尽可能地少，要尽可能与自己交谈，因为交谈本身具有那样一种魅力，它是一种狡诈的、起暗示作用的东西，它像爱情与烈酒一样，能把秘密从我们的心底诱骗出来。

没有人能对自己听到的东西守口如瓶，也没有人在转述自己所听来的东西时毫不添油加醋。不能对传说内容保密的人，也决不能保证不泄露传言者的姓名。每个人都有自己可以无话不谈的人，都会把别人信托给自己的一切向这个人泄露，即使我们假设这个人对自己那多言的三寸之舌设防立哨，并且只去满足一对耳朵的要求，他也仍然会造就一大串听众的——秘密就是这样在转眼之间成了众所周知的谣言的。

致青年朋友

［法国］ 安德烈·莫洛亚

　　青年一定时刻牢记：切忌急躁。财富和名利时起时落，我希望你们多遇到些障碍，多经历些斗争。斗争能锤炼你们的意志。等到了五六十岁的时候，你们就会像暴风雨冲击下的礁石一样坚强粗犷。世间的困苦将雕琢你们的精神。你们将成为性格坚强的人。面对舆论的浪潮，你们能报之一笑。人在年轻时，觉得一切都很可怕。最初遭到的挫折，如同挑战。人性的阴暗面令我们恐惧。在与人世间残酷的抗争中，你们应当建立一个可以抵御重型炮弹和恶语中伤的隐蔽处。一个心境平和的人还有什么可怕的呢？不论是迫害，还是诽谤，都不能削弱他内心深处思想的壁垒。

　　对待爱情要严肃，但不要将它看得太重要。少年时代，女人们的琐碎、轻佻、谎言和残酷会使男孩震惊。不过，你们应当明白，这些表现她们天性的举止，虽然都是真的，但却只是些表面现象。观察她们要像观察大海一样：大海的表面虽然变化无常，然而，对于那些热爱大海，真心想了解大海的人来说，它是个可靠的朋友。去那些轻易委身于人的女人后面，寻找那些迟疑不肯表露柔情和给予信任的腼腆的灵魂。向你认为值得爱的女子表示你的忠贞吧。不要羡慕那个浪漫的诗人堂·璜，我很了解他，堂·璜是世界上最不幸、最不安、最软弱的人。

　　对任何事情都要忠贞不渝、始终如一。我知道，当事情被搞糟时，人总是爱灰心泄气，愿意寻找另外的女人、另外的朋友，在另一个环境中重新开始生活。不要走这条表面上看来容易的路。在某些情况下，对不幸的双方而言，新的选择是完全必要的。然而，对大多数人来说，最好的办法还是将现有的爱之舟修补好。能够在同自己一起成长和战斗的人中间死去，这是最幸福的事情。

　　最后，你们要谦逊，有胆略。爱情、思维、工作、领导，所有这一切都是困难的。在尘世生活中，你们永远不可能把它们中间的任何一项完成得与你少年时所梦想的那样圆满。尽管这些很困难，可是，并不是不可能的。在你们之前，无数代人都完成了这些工作，而且，不管怎样，他们都通过了两个黑暗的沙漠，找到了那有限的生命之光。你们还有什么害怕的呢？你们所扮演的角色是短暂的，观众也同你们一样并不是长生不老的。

幸福就是内在的富足

［德国］ 叔本华

对于一个国家来说，自己所需很少，同时它输入的越少就越富足；所以拥有足够内在财富的人，他向外界的寻求也就很少，甚至一无所求，这种人是何等的幸福啊！输入的代价是昂贵的，它显示了该国尚不能独立自主，它可能会引起危险，肇生麻烦，总之，它绝没有本国自产的安全。这样说来，任何人都不应向他人或外界索求太多。我们要知道每个人能为他人所做的事情，本来有限，任何人都是孤立的。重要的是，知道那孤立的不是别人，却是自己。这个道理便是歌德在《诗与真理》一书中所表明的，那便是说，在任何事情当中，人最后必须，也是仅能求助的还是自己。葛史密斯在《旅游者》中不也曾说过："行行复行行，能觅原为己"吗？

人所能达到的成就的最高极限，不会超过自己。人越能做到这一点，越能发现自己原是一切快乐的源泉，就越能使自己幸福。这便是亚里士多德所揭示的伟大真理："幸福就是自足。"所有其他的幸福来源，本质上都是不确定和不稳定的，它们都是如过眼烟云，随机缘而定；也都经常无法把握，所以在极得意的情况下，也可能轻易消失，这原是人生不可避免的事情。当年迈时，这些幸福之源也就必然耗竭：到这个时候所谓爱情、才智、旅行、爱马狂，甚至社交能力都已经舍弃了我们；那可怕的死亡也即将夺走我们的朋友和亲戚。在这样的时刻，自己是惟一纯正和持久幸福的源泉。

在充满悲惨与痛苦的世界中，我们究竟能求得什么呢？每个人到头来除了自己之外原来都是一无所得啊！一旦想逃避悲惨与痛苦，又难免落人到"厌倦"的魔掌中。况且在这世界里，又常是恶人得势，愚声震天。各人的命运是残酷的，而整个的人类也原是可悯的。世界既然如此，也惟有内在丰富的人才是幸福的，这就好比圣诞节时，我们是在一间明亮、温暖、充满笑声的屋子里一样；缺乏内在生命的人，其悲惨就好比在暮冬深夜的冰雪中。所以，世上命运好的人，无疑是指那些具备天赋才情，有丰富个性的人，这种人的生活，虽然不一定是光辉灿烂的生活，但是却是最幸福的生活。

年青的瑞典皇后克莉丝蒂娜才 19 岁，除了听别人的谈论外，她对笛卡尔的了解仅限于一篇短文，因为那时笛卡尔已在荷兰独自隐居了 20 年。克莉丝蒂娜说："笛卡尔先生是最幸福的人，我认为他的隐居生活很令人羡慕。"当然，这也需要有利的环境，方能使笛卡尔得偿所愿，成为自己生命和幸福的主宰；就像在《圣职》一书中，我们读到的智慧只有对具有丰厚遗产的人方是好的，对活在光明里的人才是有利的。为自然和命运赋予智慧的人，必急于小心地打开自己内在幸福的源泉，这样他就需要充分的独立自主和闲暇。人要获得独立自主和闲暇，必须自愿节制欲望，随时养神养性。更须不受世俗喜好和外在世界的束缚，这样人就不致为了功名利禄，或为了博取同胞的喜爱和欢呼，而牺牲了自己来屈就世俗低下的俗望和趣味；有智慧的人是决不会这样做的，而必然会听从荷瑞思的训示——世上最大的傻子，是为了外在而牺牲内在，以及为了光彩、地位、壮观、头衔和荣誉而付出全部或大部分闲暇和自己的独立。

使人永享无上的幸福

［荷兰］ 斯宾诺莎①

凡是日常生活中常见的东西，都是虚幻无谓的。因为那些令我们眩目的东西，本身既无所谓善，也无所谓恶，只不过是心灵为它所动罢了。人人都可以分享真正的善，可以摒绝其他的事物单独地占据自己心灵。这样我们便可以永远享受连续无上的快乐。

放弃确定可靠的东西，去追求那还不确定的东西，未免太不合算。我知道荣誉资财的利益，倘若我要认真地去从事别的新的探讨，就必须放弃对于这种利益的要求。假如真正的最高幸福在于荣誉资财，那么我岂不是交臂失之；但是假如真正的最高幸福不在于荣誉资财，而我用全副精力去寻求它，那我也会毫无所得。

因此我反复思索，有没有可能找到一种新的生活指针，或者至少确定有没有新的生活指针存在，而并不改变我平常生活的秩序和习惯：这是我经常尝试的，但是一直没有获得成果。因为在通常的生活环境中，那些被人们公认（他们的行为可以证明）为最高的幸福的，归纳起来，大约不外三项：资财、荣誉、感官快乐。这三件东西萦扰人们的心思，使人们不能想到别的幸福。

当人心为感官快乐所奴役，直到安之若素，好像获得了真正的最高幸福时，人心就会陷溺在里面，因而不能想到别的东西。但是当这种快乐一经得到满足时，极端的苦恼立即随着产生了。这样，人的心灵即使不完全失掉它的灵明，也必定会感到纷乱，因而麻木。对于荣誉与资财的追求，特别是把它们自身当做目的，当做至善的所在，是最足以令人陷溺的。

---

① 斯宾诺莎：（1632～1677），荷兰唯物主义哲学家。先世为犹太人。主要著作《神学政治学论》、《伦理学》、《知性改进论》等。

　　然而人心陷溺于荣誉的追求，是特别强烈的，因为荣誉总是被认为最后的目的，本身具有足够的善，为一切行为所趋赴。而且我们获得荣誉与资财，并不像获得感官快乐那样，立刻就有苦恼与悔恨相随；反之，荣誉资财获得越多，我们的愉快就越大，我们想增加荣誉资财的念头也就越强烈。但是当我们的希望一旦落空时，极大的苦恼便跟着发生。荣誉还有一种缺点，就是它能驱使好名的人为人处事完全依世俗的意见为转移，追求世俗所追求的事物，规避世俗所规避的事物。

　　现在我既然见到，这一事实是寻求别的新生活指针的障碍，而且不仅是障碍，实在是正相反对，势不两立、二者必去其一，因此我不能不探究竟什么东西对于我比较有益。因为像前面所说过的，我好像是自愿放弃确定的善而去追求那不确定的东西。但是当我仔细思考之后，才确切地知道：如果我放弃世俗所企求的事物，来从事新生活指针的探求，则我所放弃的就是本性无常的善，有如上面所指出的，而我所追求的却不是本性无常的善，而是常住不变的善，不过获得这种至善的可能性却不很确定罢了。

　　不过，如果我们彻底下决心，放弃迷乱人心的资财、荣誉、肉体快乐这三种东西，则我们所放弃的必定是真正的恶，而我们所获得的也必定是真正的善。我深深地知道，我实在到了生死存亡的关头，我不能不强迫我自己用全副力量去寻求救济，尽管这救济是如何不确定的；就好像一个病人与重病挣扎，明知道如果不能求得救济，必定不免于一死，因而不能不用全副力量去寻求药剂一样，尽管这药剂是如何不可靠的，因为他的全部希望只在于此。但是世俗的一般人所追逐的名利、肉欲等等，不但不足以救济人和保持生命，而且反倒有害；凡是占有它们的人——如果可以叫做"占有"的话，很少有幸免于沉沦的，而为它们所占有的人，则绝不能逃避毁灭。

谦 逊

［前苏联］ 苏霍姆林斯基

要善于正确看待自己的优缺点。无论人家怎样夸奖你，你都要明白，你还远不是尽善尽美的人。你要懂得，人们赞扬你，多半是要求你这样进行自我教育：如果人家赞扬你，你就得考虑怎样才能做得更好。如果你不再进行自我锻炼和自我教育——那就是一种自高自大的表现。

学习是你品格表现的最重要领域。一个人的谦逊品德总是取决于他对自己精神条件的认识与自己所做的努力相符合的程度。谦逊是你生活理想形成过程中很重要的东西。你应当正确看待自己，冷静地估计自己能做些什么，在对未来提出主张和计划的时候，你越是谦虚，为克服困难和达到似乎不可能达到的目标时，你身上表现出来的毅力就越大。

凡是能够谦逊地估计自己能力的人，在掌握知识时都会获得很大的成就。

谦虚是爱好劳动、尽心竭力、坚定顽强的姊妹。夸夸其谈的人从来不是勤奋的劳动者。脑力劳动是一种需要非常实际、非常清醒、非常认真的劳动，而这一切又构成谦逊的品德——谦逊好像是天平，人用它可以测出自己的分量。傲慢具有很大的危险性——这是现代人常见的通病，它往往表现在：把对于某复杂事物的模糊的、肤浅的、表面的印象当做知识。

做一个谦逊的人——就是说要做一个对别人的微小缺点宽宏大量的人，假如这些缺点并不能对社会构成危险的话。要是每个人对别人严格要求时都以这条规则为准绳，要是每个人不但善于要求别人，而且不去注意别人的小缺点，善于体谅、宽容。那么，人们的生活就会轻松得多——我们每个人是这样，整个社会也是这样。许多不幸之所以发生都是由于很多人只对别人要求严格，而对自己则不然，即所谓严以待人，宽以律己。正因为这样，生活

中才发生了人与人之间的争吵、冲突、家庭悲剧，也因此出现了不幸的儿童。人们称谦逊为一切美德的皇冠，因为它将自觉的纪律、天职、义务以及意志的自由和谐地融汇到一起。一个谦逊的人如果将自己身上一切值得赞扬的东西都看做是应该的、理所当然的，那么他就会将纪律当做真正的自由，并且为之努力奋斗。